建筑工程施工与管理

贾淑瑛　代连水　史宏茹　著

吉林科学技术出版社

图书在版编目（CIP）数据

建筑工程施工与管理 / 贾淑瑛，代连水，史宏茹著

. —— 长春：吉林科学技术出版社，2020.9

ISBN 978-7-5578-7550-3

Ⅰ．①建… Ⅱ．①贾… ②代… ③史… Ⅲ．①建筑工
程—施工管理 Ⅳ．① TU71

中国版本图书馆 CIP 数据核字（2020）第 200244 号

建筑工程施工与管理

著　　者	贾淑瑛　代连水　史宏茹
出 版 人	宛　霞
责任编辑	汪雪君
封面设计	薛一婷
制　　版	长春美印图文设计有限公司
幅面尺寸	185mm×260mm
开　　本	16
字　　数	230 千字
印　　张	10.5
印　　数	1-1500 册
版　　次	2020 年 9 月第 1 版
印　　次	2021 年 5 月第 2 次印刷
出　　版	吉林科学技术出版社
发　　行	吉林科学技术出版社
地　　址	长春净月高新区福祉大路 5788 号出版大厦 A 座
邮　　编	130118

发行部电话/传真　0431—81629529　　81629530　　81629531

　　　　　　　　　　　81629532　　81629533　　81629534

储运部电话　0431—86059116

编辑部电话　0431—81629520

印　　刷	保定市铭泰达印刷有限公司
书　　号	ISBN 978-7-5578-7550-3
定　　价	45.00 元

前　言

随着经济的发展，生活水平的提高，人们对建筑工程项目提出个性化要求，在这种情况下，对工程施工管理显得格外重要。面对错综复杂的施工，如何高质量、短工期、高效益，以及安全地完成工程项目，就成为建筑施工企业关注的焦点。对于建筑施工企业来说，只有加强质量管理，狠抓安全管理，同时做好进度管理、成本核算等工作，以及借助信息技术等，对工程施工进行管理，才能实现自身的持续发展。本书就针对建筑工程施工管理的主要工作与应对措施进行分析。

建筑工程施工质量关系到建筑安全，是建筑管理的重中之重，更是对建筑进行控制的重点。《质量管理体系基础和术语》中对质量控制有明确的要求，施工质量控制主要是指在既定质量方针指导和监督下对施工资源进行合理安排与配置，通过事前、事中、事后三个阶段的监督检查，确保各阶段施工符合要求，达到质量控制目标。通过定义我们不难看出，只有严格的管理，才能确保施工质量，实现安全生产。要想保证建筑质量，则需要根据各种标准与规范，严格执行规章制度，使施工质量得到有效控制。

建筑是人们工作生活的场所，直接关系着国计民生，建筑工程的质量与安全是人们关注的焦点，只有全面做好施工管理，才能确保建筑物安全，符合建筑质量整体要求。建筑工程的管理工作内容较广泛，涉及建设的准备、施工、验收等不同方面，通过良好科学的管理，达到掌握进度、控制成本、保证质量、维护安全的目标。建筑管理工作受建筑周期的影响，建筑管理一直存在于建设的全过程，只有不断提高管理能力与水平，才能确保露天高空作业安全，使各道工序按期推进。

目　录

第一章 建筑工程施工概述

第一节 建筑工程施工质量管控方法

建筑工程施工质量关系到建筑行业的发展水平，影响着相关产业的未来发展。目前，由于施工质量管控不到位造成的安全事故时有发生，显露出建筑工程施工质量管控中的一些问题。本节通过分析这些问题，并提出加强质量管控的可行办法，从而达到控制施工风险的目的，实现施工质量的有力管控，提高施工单位的工作质量，提升建筑项目的整体水平。

建筑工程施工质量管理是建筑工程施工三要素管理中重要的组成部分，质量管理工作不仅影响着工程的交付与正常使用，也对工程施工成本、进度产生着不容忽视的影响，为此，建筑工程施工管理工作者需要针对建筑工程施工质量管理中存在的问题，对相应优化策略做出探索。

一、建筑工程施工质量管控中的问题

（一）对建筑工程施工人员的管控不到位

施工人员的工作质量直接关系到建筑工程的质量。但目前在施工质量管控方面，施工人员的管理还有很多不足之处。首先，施工单位管理者缺乏质量管控意识，认为只要没有发生重大质量问题，就不必进行管理，对施工人员平时的工作疏于管理。其次，施工单位没有专门的质量管控部门，平时的质量管理主要是由企业中临时组建起来的管理小组负责。由于这些管理人员缺乏相应的权限和管理经验，在实际的管理工作中，监督不到位，问题处理方案不合理，导致施工人员的工作比较随意，埋下了隐患。

（二）对施工技术的管控不足

过硬的施工技术是保证工程施工质量达标的前提。但是目前，许多施工单位对施工技术的管控依旧不足。首先，施工单位任用的施工人员，有很多是雇佣的临时工，企业为了节约施工成本，会任用那些缺乏专业能力的员工，这些施工人员的学历不高、综合素质也比较低，对于建筑施工方面的知识不了解，实际工作难以达到标准。其次，由于施工单位在施工技术研发方面的投入较少，未能及时通过培训教育等方式提升施工人员的能力，也

未能引进先进的施工设备，使得整个施工工程的技术含量较低，不只是影响了施工速度，施工质量也难以保证。

（三）施工环境的质量管控不到位

施工环境主要包括两个方面：一方面是技术环境，在进行建筑施工之前，施工单位未能充分勘测施工项目所处的地理环境，施工方案与地质情况不相符，影响了施工的质量，另外由于未能考虑到施工过程中气候、天气的变化，没有采取相应的应对措施，也会造成施工质量出现问题。另一方面是作业环境，在施工过程中，施工人员可能需要高空作业、借助施工设备开展工作，由于保护措施不到位或者设备未经调试等原因，也有可能导致施工结果和预期存在偏差，使得工程项目的质量不达标。

（四）对工序工法的管控不力

建筑工程项目一般都比较复杂，涉及的施工环节比较多，工序工法关系着施工进程和质量。施工单位对于工序工法的管控不到位，也会导致质量问题。一是工序工法的设计不合理，设计人员在对施工现场进行勘察时，没有对所有施工要素进行全面、仔细的调查，使其勘察结果存在偏差，影响了工序工法的设计。其次，没有专门对不合理工序工法进行纠正的标准，导致不合理的工序工法被应用到实际施工过程中。最后，未能按照工序工法施工。施工人员在实际的施工过程中太过随意，任意改动施工计划，打乱了施工节奏，从而影响了施工质量。

（五）对分项工程的质量管控不足

建筑工程施工中，会将一个项目划分为多个分项工程，但施工企业在进行质量管控中，却未能针对这些分项进行细化的监督和管理，导致某些分项缺乏管理，存在质量问题，影响了整体的工程质量。另外，由于施工单位没有把握住分项工程中的质量管控核心，导致质量问题凸显出来，使得工程施工质量不合格。

二、建筑工程施工质量管控的可行方法

（一）加强对建筑工程施工人员的管控

首先，施工单位应当设立专门的质量管控部门，掌握整个建筑工程项目的每个阶段的情况，并根据实际施工工作作出合理的管理决策。其次，施工单位平时应当加强对施工人员的培训，使其熟练掌握施工技能，并且针对当前要施工项目中的要点进行强调，让每个施工人员都具有自觉的质量控制意识。最后，企业在任用施工人员的时候，应当选用那些综合素质较高、拥有较强工作能力的人，从人员管控的角度出发，加强对工程施工质量的管控。

（二）加强对施工环境的管控

施工企业应当熟悉工程项目的环境，通过控制施工环境，保障施工质量。首先，施工单位应当在开展施工工作之前，对施工现场进行全面考察，了解地质情况和气候，并且做好应对恶劣天气的准备，从而保证施工质量不受外界环境的影响。另外，施工单位应当对施工项目中一些危险性比较高的环节加强管理，避免施工过程中发生安全事故，在保证安全的前提下，按照标准的施工方案开展工作。除此之外，还应当做好施工机械设备的管理，运用符合施工标准的设备，并且在启用设备之前要做好相应的调试，避免因机械设备的原因，影响施工质量。

（三）加强对工序工法的管控

首先，施工单位应该派专业的勘测人员对施工项目提前进行考察，对勘测结果进行合理的分析，并在设计工序工法的时候考虑到所有的影响因素，根据实际情况不断地优化施工过程，从而设计出能够顺利进行的工序工法。其次，要有专业岗位针对施工的工序工法进行校验和改正。当施工过程中，出现与原本的工序工法设计不符的情况时，要及时地根据施工需求进行调整，避免不合理的工序工法影响施工质量。最后，要加强对施工过程的管理，保障施工人员严格地按照设计好的工序、工法进行施工，从而达到质量管控的目的。

（四）加强对分项工程的质量管控

分项工程的质量，直接关系到整个施工项目的质量。加强对分项工程的质量管控，是保障施工项目质量合格的前提。施工单位应当根据不同的分项工程的特点，选用合理的施工工艺，从而保障分项工程能够满足质量要求。另外，施工单位还应当为每个分项工程安排相应的质量监督管理人员，根据既定的质量标准，对分项工程进行严格的管控，使施工项目的每一部分，都能在保证质量的前提下按期完成，并能与其他分项工程相互配合，共同达到整个工程项目的质量标准。

（五）实现建筑工程施工质量管控的保障

要切实落实工程施工质量管控，就必须为管控工作提供相应的保障。首先，企业应当具备强烈的质量管控意识，并且设立相应的管理部门，使其运用管理权限加强对质量的管理。其次，企业应当引进先进的施工技术，从技术层面提高施工质量。再次，施工单位应当制定相应的质量管控制度，以规章制度对员工工作进行规范，保证其工作质量。最后，企业要投入足够的资金，保障施工工作能够顺利、高效地进行，从而提升工程施工质量。

综上所述，在建筑工程施工过程中，对施工队伍、施工技术、施工环境、工序工法、分部项目管控不严格，都会导致建筑工程施工产生各类质量问题，针对这些问题，建筑工程施工质量管理工作者有必要强化对施工各个要素的把控，从而为建筑工程施工质量的提升提供良好保障。

第二节　建筑工程施工安全综述

建筑工程项目往往有着单一性、流动性、密集性、多专业协调的特征，其作业环境比较局限，难度较大，且施工现场存在着诸多不确定性因素，容易发生安全事故。在这个背景下，为了保障建筑安全生产，应将更多精力放在建筑工程施工安全管理上。下面，将先分析建筑工程施工安全事故诱因，再详细阐述相关安全管理策略，旨在打造一个安全施工环境，保证施工安全。

一、建筑工程施工安全事故诱因分析

建筑工程施工安全事故诱因主要体现于几个方面：（1）人为因素。人为失误所引起的不安全行为原因主要有生理、教育、心理、环境等因素。从生理方面来看，当一个人带病上班或者有耳鸣等生理缺陷，极易产生失误行为。从心理方面来看，当一个人有自负、惰性、行为草率等心理问题，会在工作中频繁出现失误情况，最终诱发施工安全事故。（2）物的因素。其主要体现于当物处于一种非安全状态，会发生高空坠落不安全情况。如钢筋混凝土高空坠落、机器设备高空坠落等等，都是安全事故的重要体现。（3）环境因素。即在特大雨雪等恶劣环境下施工，无形中会增大安全事故发生可能性。

二、建筑工程施工安全管理对策

（一）加强施工安全文化管理

在建筑工程施工期间，要积极普及施工安全文化，加强施工安全文化建设。施工安全文化，包括了基础安全文化和专业安全文化，应在文化传播过程中采取多种宣传方式。如在公司大厅放置一台电视机，用来传播"态度决定一切，细节决定成败""合格的员工从严格遵守开始"等企业安全文化口号。在安全文化宣传期间，还可制定一个文化墙，用来展示公司简介、发展理念、施工安全典范标榜人物、安全培训专栏等，向全员普及施工安全文化，管理好建筑工程施工安全问题。而对于施工安全文化的建设，要切实做好培育工作，帮助每一位施工人员树立起良好的安全价值观、安全生产观，从根本上解决人的问题。同时，在企业安全文化建设期间，要提醒施工人员时刻约束自己的建筑生产安全不良状态，谨记"安全第一"。另外，要依据企业发展战略，建设安全文件，让施工人员在有章可循基础上积极调整自己的工作状态，避免出现工作失误情况影响施工安全。

（二）加强施工安全生产教育

在建筑工程施工中，安全生产教育十分紧迫，可有效控制不安全行为，降低安全事故发生概率。对于安全生产教育，要将安全思想教育、安全技术教育作为重点内容。其中，在安全思想教育阶段，应面向全体施工人员，向他们讲授建筑法律法规、生产纪律等理论知识。同时，选择一些比较典型的安全生产安全事故案例，警醒施工人员约束自己的违章作业和违章指挥行为，让施工人员真正了解到不安全行为所带来的严重影响。在安全技术教育阶段，要积极针对施工人员技术操作进行再培训。包括混凝土施工技术、模板工程施工技术、建筑防水施工技术、爆破工程施工技术等等，提高施工人员技术水平，减少技术操作失误可能性。在施工安全生产教育活动中，还要注意提高施工人员安全生产素质。因部分施工人员来自农村务工人员，他们整体素质较低，缺少施工经验。针对这一种情况，要加大对这一类施工人员的安全生产教育，提高他们安全意识。同时，要定期组织形式不同的安全生产教育活动，且不定期考察全体人员安全生产常识，有效改善施工安全问题。在施工安全生产教育活动中，也要对管理人员安全管理水平进行系统化培训，确保他们能够落实好施工中新工艺、新技术等的安全管理。

（三）加强施工安全体系完善

为了解决建筑工程施工中相关安全问题，要注意完善施工安全体系。对于施工安全体系的完善，应把握好几个要点问题：（1）要围绕"安全第一，预防为主"这个指导方针，鼓励施工单位、建设单位、勘察设计单位、工程监理单位、分包单位全员参与施工安全体系的编制，以"零事故"为目标，合作完成施工安全体系内容的制定，共同执行安全管理制度，向"重安全、重效率"方向转变。（2）要在保证全员参与体系内容制定基础上，逐一明确体系中总则、安全管理方针、目标、安全组织机构、安全资质、安全生产责任制、项目生产管理各项细则。其中，在项目生产管理体系中，要逐一完善安全生产教育培训管理制度、项目安全检查制度、安全事故处理报告制度、安全技术交底制度等。在项目安全检查制度中，明确要求应按照制度规定对制度落实、机械设备、施工现场等事故隐患进行全方位检查，避免人的因素、环境因素、物的因素所引起的安全问题。同时，明确规定要每月举行一次安全排查活动，主要负责对技术、施工等方面的安全问题进行排查，一旦发现问题所在，立即下达安全监察通知书，实现对施工安全问题的实时监督，及时整改安全技术等方面问题。在安全技术交底技术中，要明确要求必须进行新工艺、新技术、设备安装等的技术交底。

综上所述，人为因素、物的因素、环境因素会导致建筑工程施工安全事故，为降低这些因素所带来的影响，保证建筑工程施工安全。要做好施工安全文化管理工作，积极宣传施工安全文化概念和内涵，加强安全文化建设。同时，要做好施工安全生产方面的教育工作，要注意组织施工单位、建设单位、勘察设计单位、工程监理单位合作构建施工安全管理体系，高效控制施工中安全问题。

第三节 建筑工程施工中的成品保护

本节分析了建筑工程施工中成品保护的重要性，对钢筋、模板、混凝土、砌体、防水工程、装饰墙面等保护措施进行了研究，并归纳总结了成品保护的注意事项，为确保施工质量以及如期完工提供了条件。

成品保护是建筑工程施工中各个专业交叉作业，为了保证某专业施工成品免受其他专业施工的破坏而采取的整体规划措施或方案。众所周知，建筑工程施工中成品保护的程度如何，会对工程观感质量的评定构成直接的影响。在工程施工中，某些分项分部工程已经完工，但其他工程还未完结，又或者有些部位已经完成，但其他部位还在施工，这种状况下，如果不采取完善的成品保护措施，就会对部分成品造成损伤，影响工程质量，也增加了后期的修补工作量和维修费用，甚至延误工期，如果损伤较为严重的话，成品未必能够很好的复原，有的还会留下明显的修补痕迹，甚至形成永久性的缺陷，这也降低了工程观感质量的得分，最终影响整个工程的质量等级。可见，成品保护是非常重要的，也是降低工程成本，确保施工质量，保证如期完工的首要前提。

一、钢筋的保护

建筑工程项目中，如果钢筋已绑扎完成后要在其上进行施工时，不能踩弯、踩踏钢筋，也不能把主筋的位置挪动。为了避免浇筑下部结构混凝土时给上部钢筋带来污染，要使用塑料套管保护好结构竖向钢筋。为了保护板内上层钢筋不会形成变形和位移，板内上层钢筋要使用钢筋撑铁作支架。工程在春节放假期间为防止钢筋性能受到低温破坏，对结构预留的墙柱钢筋表面除锈处理后，采用直接在经表面凿毛的基础上浇筑 1 m 高的低标号混凝土进行包裹保护，要求保护层厚度为 30 mm 以上。混凝土顶做成四面向外大斜坡，以便雨水能及时流走。

二、模板的保护

模板使用过程必须要尽量防止碰撞，拆模过程中杜绝撬砸，堆放时要防止模板倾覆。在拆模完成后要及时对其表面上的水泥浆、污渍等进行清洁，并用脱模剂涂刷好。要妥善地保管好模板的零部件，为防止螺杆、螺母等的锈蚀，要经常对其擦油进行润滑。拆下来的零部件要放进工具箱内，在大模吊运时吊走。

三、混凝土的保护

如果在高温、大风速等状况下进行混凝土的施工，为了防止混凝土表面的干缩开裂和过早脱水现象，在浇筑完混凝土后必须及时进行覆盖浇水。

梁柱构件的拆模时间不能太早，在棱角处要使用角钢进行保护。对于楼梯棱角则采用暗埋钢筋保护法，一般是使用 Φ6 钢筋，两头及中间位置焊铁脚 3 个，暗藏于楼梯的踏步内，铁脚要小于 90°。将带铁脚的钢筋附在楼梯上，把位置调整好，再对铁脚使用砂浆进行固定，待到砂浆干硬之后，再做好楼梯踏步抹面，这样就把铁脚牢牢的埋置在抹面砂浆内部，钢筋则已在踏步棱角之上，棱角观感顺直，质量优良。等砂浆达到一定强度后就会非常牢固，施工人员在上面随意走动，也不会对其造成损害。

混凝土表面尽量不要和金属器具相接触，一直到混凝土达到设计强度之后。

在浇筑完混凝土地面后，必须立即做好围栏围护，断绝交通。并禁止任何人车通行，直到混凝土达到设计强度之后。

杜绝在混凝土面层上拌和、堆置水泥砂浆，若有水泥砂浆、混凝土块散落地面，必须尽快清洁，冲洗干净。

混凝土及混凝土浇灌完毕后，应对其表面及时覆盖，模板拆除后，对易损伤部位（如柱角、梯角、墙角等）采取捆绑或固定木板的附加措施加以保护。

四、砌体的保护

任何施工操作不得和正在施工、已经完工的砌体发生碰撞，比如机械吊装、脚手架搭拆、材料卸运等操作。不能对埋在砌体内的拉结钢筋进行任意的弯折。为了避免砂浆溅脏墙面，要将施工电梯进出口周围的砌体进行必要的遮盖。

五、防水工程成品的保护措施

要对防水层做好严格防护，保护层制作以前，为了防止防水层的损坏，要禁止本工序之外的操作人员进入现场。众所周知，施工材料大多是容易燃烧的物质，必须强调施工现场和存料处的禁烟，同时消防器材也要配置到位。为防止防水层被戳坏，施工人员操作过程中不能穿带钉子的鞋。防水材料铺贴完工后，为使黏结剂结腹硬化，面层要保持至少 8 h 的干燥，避免上人和走动，也不能剥动卷材搭接处。做完防水层后，在进行铺砂或浇捣细石混凝土作保护层时，要避免在防水层上直接推车。

六、楼地面的保护

在完成楼地面的抹灰操作后，在养护期间和面层强度未达到 5 MPa 前，禁止上人行走或进入下道工序的施工。在铺贴块材地（楼）面之前，为避免垃圾杂物等坠入地漏对排水构成影响，可使用木塞或水泥纸给地漏做好临时性的密封。铺贴过程中，要一边铺贴，一边对表面的水泥浆进行清理，维护表面清洁。施工过程中以及施工后都必须对花岗石做好防护，为了防止其表面产生划痕和裂纹，要避免金属、砂粒等硬物对其表面产生摩擦和损伤。新铺贴的房间必须做好临时性的封闭，如果确实需要踩踏进入则必须穿着干净的软底鞋。如果板材为花岗石，踩踏要轻盈，如果是陶瓷地砖，则要在木踏脚上行动。板块地（楼）面铺贴后，保护措施是必须要在其表面覆盖锯末，在通道处搭设跳板。

七、装饰墙面的保护

镶贴好饰面砖、花岗石板后，要对油漆、沥青等后继工程有可能产生污染的地方贴纸或塑料薄膜保护。完成外墙面的饰面后，要严格禁止在楼上向下倾倒垃圾或污水。对于通道部位的柱面、门套、墙的转角等位置，镶贴饰面层后，在离楼地面 2 m 高范围内要使用木板或其他材料做好保护，注意在拆架子或移动高凳子时不要对墙面形成碰撞。饰面层镶贴完成后，就不能再在墙上随意钉凿，保护好墙面以免影响其黏结性。在夏季高温季节时进行外墙抹灰要防止暴晒，因为暴晒会造成抹灰层的脱水过快。在凝结过程中，下雨时要做好面层的遮盖，并将跳板移到脚手架外立柱向斜靠，以避免溅水污染。装饰时的垃圾处理过程，要注意垃圾按规则转运，杜绝从阳台、门窗等处直接向下倾倒。管道试水过程要派专人盯着，完毕后要检查开关，确保全部拧紧。交工前要对楼地面进行仔细清洗，清洗过程中禁止用水管放水冲洗，要使用拖把蘸水清洁，以避免污水蔓延。

八、装饰顶棚的成品保护

罩面板的安装要在顶棚内各种管道和线路安装调试完成后进行。安装好罩面板后，就不能擅自拆除或人为踩踏，检修孔要留在管道的阀门部位或容易出故障的部位，方便检修也便于保护内部装饰。

在进行油漆喷涂、涂料涂刷时要用塑料薄膜对门窗等进行覆盖，严格按照施工方案进行合理施工，在安装灯具和通风罩时不要对安装好的罩面板造成污染和损坏。要杜绝把吊筋固定在通风等管道上的做法，顶棚内各种管线设施要保护好，防止破坏。如果在吊顶上层楼面进行湿作业时，吊顶安排在楼面完成后方可安装。

九、竣工清理期间的成品保护

护。护即提前性的保护，主要措施有：第一，各楼层的门口、台阶的进出口位置要做好防护。第二，在油漆涂料等涂刷完成后，尽快清除滴落在地面、窗台等位置的涂料及污点。第三，如果房间装修完毕再进行施工时，为了避免对成品造成污染，要穿无钉鞋，戴干净的手套。

包。包指的是包裹，主要是为了避免成品被损伤或污染。第一，所有的门窗要全部用塑料布包好。第二，要在自喷喷头外面包一层厚度为 2 mm 的塑料布，避免喷头被涂料、油漆沾染后，影响喷头灭火感温动作的响应时间。在交工时，方可将喷头上的塑料布全部取下。第三，为防止卫浴成品被碰撞，要在已安设完的卫生器具外包一层瓦棱纸板。第四，散热器、空调风管以及风口等，制作完成后，为避免污染要在外面包裹一层厚度为 2 mm 的塑料布，交工时方可取下塑料布。第五，配电箱、照明灯具、开关插座等在施工完成后，同样也要在外面包一层厚度为 2 mm 的塑料布以避免污染，交工时方可取下。

盖。盖指的是为防止损坏、堵塞等状况而进行的表面覆盖。第一，为避免落水口和排水管道的堵塞，应在安装好后做好覆盖。第二，散水制作完成后，可覆盖砂子或土层来进行保水养护并达到避免磕碰的目的。第三，所有需要防晒、保温养护的基础都应当采取适当的覆盖措施。

封。封指的就是局部的封闭措施。第一，如果公共走廊、楼梯、电梯前厅等部位不再修补的话，应将其进行暂时封闭。第二，室内门窗、涂刷施工完成后要立即锁闭房门。卫生间的施工完成后，也要立即进行封闭。第三，屋面结构处理及防水完工后，要将其上屋面的楼梯门或出入口进行封闭。第四，为调节室内温湿度，室内涂料完成后要设专人开关外窗等。

第四节　建筑工程施工技术要点及其创新应用

现阶段，中国的经济正在持续发展当中，而建筑工程的施工要求则愈来愈多，此外，施工项目亦在持续地增多。基于此，建筑业也已获得了绝好的发展机遇，发展得极其迅速，而传统建筑工程项目的施工要点也已愈来愈无法切合于新时期下的建筑工程项目施工的具体要求。所以，就急需建筑工程来完成及时的变革，多在施工技术要点上着力，尽可能地切合于建筑新时期的工程施工要求。基于对现阶段下建筑工程的施工过程中现存的问题的深层次分析，来对建筑工程的施工技术要点展开系统化的、深层次的总结，并就此而提出了工程项目的施工技术要点及其创新方式。

一、建筑工程的施工技术现存的问题

（一）施工技术理论同工程实际存在着某种出入

建筑工程施工的过程中技术理论、理论模型构建往往与实际情况有一定的偏差，这是一个普遍存在的问题。这就容易造成施工项目的完整性和精确性不能达到期望值。而导致施工技术理论与实际情况产生差异的原因是复杂多样的，比较常见的原因有：施工人员与理论技术人员之间存在较大的素质差异，由于缺乏较强的技术理论支撑，施工人员在实际操作中，不能有效做出符合技术理论的行为；施工现场的环境复杂程度往往超出理论技术的预期，这就导致原有的理论规划难以满足实际施工的需求。为建筑工程实际运行增大了难度，影响了工程项目最终品质。

（二）施工技术发展影响了对施工过程

目前现有的施工技术以较为完善，足以应对相对常见的施工环境。但随着越来越多的基于复杂地势环境及高技术含量的施工项目需求，对施工技术提出了更高的要求。这就需要不断发展，探索出当前乃至未来可能需求的建筑技术。事实上，在当前建筑施工技术发展中，仍有相当大一部分的精尖技术问题处于空白领域。对于某些复杂环境或者特殊建筑需求条件下的理论基础研究还相当薄弱，理性设计的缺失导致以现有施工技术应对此类复杂问题时的试错成本大大提高。不仅降低了建筑施工技术及经验发展和累积的效率，也为建筑施工质量和经济性带来负面影响。除了前沿技术理论研究的缺失，基础施工人员的建筑理念同样相对陈旧，无法满足高强度，高精度施工作业需求，对施工的整体效率及质量保证造成影响。

二、建筑工程的施工技术要点

（一）基础施工技术的要点

地基施工技术是基础施工技术的核心。在当前以高层建筑和超高层建筑为主的施工项目中，其地基设计的选择上，通常以桩体承力技术为主流。桩体承力技术是利用钻孔灌注形成桩体整体受力，桩体周围土层加固，进而稳固整体建筑的高层超高层建筑地基施工技术。在加固桩体周围土层时，应对含水量较大的土层时，要采取防渗漏设计降低土层含水量，并持续监测，避免土质因较软而发生坍塌。此外，在打桩前需要进行完善的土质监测和地质勘探，合理设计桩体承载力及桩体点位，保证桩体能够达到预期的设计要求。

（二）钢结构施工技术的要点

钢结构是构建建筑主体框架的主要部分，因此钢结构施工技术及钢结构的质量决定了建筑项目的整体质量。进行钢结构的施工时，尤其需要注意钢材的选择。钢材的选择需要严格遵循施工设计的要求，确保钢材的各项指标能够满足整体结构的使用。在施工过程中，需要对选择的钢材进行防锈防腐蚀处理，对特殊结构处用到的钢材，应根据其实际情况进行额外处理，例如增加防火涂料的附着，以应对高温情况下钢材维持其稳定性等。此外，钢结构在组装焊接的过程中，尤其要注意刚性节点的组装及焊接情况，确保节点处强度和稳定性。对于刚性节点的材质设计需要更高的强度，例如螺栓节点中，可以选用紧密型螺栓，确保满足设计需求和承载需求。

三、建筑工程的施工技术要点的创新应用

（一）用结构设计优化技术来将施工流程确定好

结构优化一直是建筑施工技术研究的热点。在建筑项目设计上，对结构进行优化，往

往能大幅降低施工难度和经费耗用，提高施工效率。较好的结构设计优化对建筑整体质量也有较大提升。因此，在建筑项目设计之初，要根据实际施工环境，综合参考优化设计，充分挖掘和利用环境便利及施工要求导向，对建筑整体、布局进行深度优化。剪力墙是其中较为经典的案例。剪力墙利用先行桩体建设，减少了暗桩的耗用，并在支撑系统完成后附加钢结构架设，增强了建筑强度的同时缩减了工程成本。

（二）混凝土施工的技术要点创新应用

混凝土是建筑项目施工中最常见最基础的施工材料，混凝土质量的好坏一定程度上决定了施工项目的质量。而在实际配置混凝土的过程中，尤其是复杂或极端环境下，优质混凝土的配置是相当困难的。此外，在这类极端环境下，普通混凝土无法达到原有设计的需求。因此，对混凝土施工技术进行创新则尤为重要。以清水混凝土为例，由于其性质较为细腻，适用于墙体粉饰。在配置此类特殊混凝土时，需要预先设计好其配置适宜的温度、水。除此之外，对于混凝土吸水后色泽变化和硬度变化也需要提前考虑，对已配置的混凝土进行干燥处理。确保其长期不变性，以达到工程需要。

综上所述，现阶段我们国内的建筑工程施工要点具体囊括了建筑基础结构施工及混凝土结构施工、钢结构施工这三大领域，而若是要针对它们来加以创新应用，则可借助于结构设计优化的技术来对设计施工流程进行辅助，并且，混凝土系统的施工以及基础部分的施工均可运用新技术来提高建筑物的性能，相信在日后的建筑施工之中，组装型建筑的建设模式将会被大加应用，基于此来提高建筑工程的建设效率及质量。并且还要针对有关人员完成培训，新型技术的迭出要能够有专业的从业人员来全面掌握，而要将新技术掌握好却并不是易事，故而，就要建筑单位注重人员方面的特别培训，让他们能够掌握相应的技术。

第二章 建筑工程施工技术

第一节 高层建筑工程施工技术

最近几年，我国社会经济有了飞速的发展进步，人们对建筑工程的各方面要求也越来越高，这便使建筑工程的施工难度不断增加。笔者深入的探究了建筑工程施工的各种技术，并指出了其中的问题和解决对策，希望能更好地促进建筑业的健康可持续发展。

深入分析高层建筑的实际施工可以发现，高层建筑的建设难度是很大的，因为高层建筑的整体结构更加复杂，平面以及立面的形式也更加多样，并且施工现场的面积又不够开阔，且现今人们不仅对建筑工程的整体质量有了更高的要求，还要求建筑工程的外表更加美观，上述这一系列问题的存在使高层建筑工程的施工难度不断增加，所以建筑施工企业一定要不断提高自己的施工水平，这样才能很好地保证建筑工程的整体质量，才能在激烈的市场竞争中取得立足之地。除此之外，建筑企业的设计工作者和施工者还必须根据实际的施工状况以及使用者对于工程的要求，确定最高效可行的施工方案，并积极地引入先进的技术、工艺，还要严格地进行施工现场的管理工作。

一、高层建筑工程施工技术的特点

（一）工程量大

在高层建筑施工过程中，其建筑物规模都较为巨大，因此，建筑工人的工程量便会增多，工程承包方便需要聘用更多的施工人员、引进更多的施工机械。高层建筑物不仅工程量大，而且施工过程中存在较大的难度，在整体的施工过程中，建筑施工的过程中施工人员需不断进行一定的整合与创新，一方面对建筑物进行施工，另一方面涉及工程施工的具体流程进行优化。在此种情况下，高层建筑工程的施工难度便会逐渐增大，全体施工人员面临巨大的挑战。在此基础上，便使工程承包方与施工人员承受巨大的压力，对施工人员提出了更高的技术要求。

在施工人员对住宅、办公、商业区进行建筑施工的过程中，在不同时期，施工完成的工程量都是不同的。在此图表中，6月中旬，施工人员对商业区完成的工程量最大，建筑工程的施工量巨大。在不同季节，对施工人员面临着不同的挑战，其完成的工程量具有差异化的趋势。

（二）埋置深度大

对于高层建筑而言，其需具有一定程度的稳固性，使其避免出现坍塌的危险。在风力大的区域进行施工的过程中，施工人员更需注重建筑楼层的稳定性，保障人民群众的生命安全不会受到危害。为使高层建筑的稳定性得到相应程度的保障，施工人员便需对建筑物的埋置深度进行合理的把控，在埋置的过程中，施工人员的地基深度需不小于建筑物整体高度的 1/12，建筑楼层的桩基需不小于建筑楼层整体高度的 1/15，此外，在建筑的过程中，施工人员需至少修建一个地下室，当发生安全问题的时候，现场施工人员能够进行逃生，使危险系数降低。

（三）施工过程长

在高层建筑工程的施工过程中，其工程量巨大，因此便需花费较长的时间进行工程施工，工程周期较短的需要几个月，工程周期较长的则需要几年。施工承包方为了获得较大的经济效益，其需将工程施工周期进行相应的缩短，在此基础上，施工承包方需要对工程的安全性得到一定程度的保障，在此种前提下，再将工程进行相应的优化。为了使工程施工周期得到相应程度的缩短，工程承包方需对施工过程的整体流程进行相应的把控，对于交叉施工的环节，施工承包方更需进行合理的调控，使施工周期得到一定程度的缩短。

二、高层建筑工程施工技术分析

（一）结构转层施工技术

在高层建筑工程施工的过程中，施工人员需对建筑顶端轴线位置进行相应的调控，对上部顶端轴线位置的要求较小，而对于下部建筑物轴线的位置要求较高，施工人员需进行较大的调整。此种要求与施工人员建筑过程中的技术要领是一种相反的状态，在此种情况下，便使建筑工程施工技术与实际应用过程存在一定程度的差距，所以需运用特殊的工法进行房屋建筑工程的修建，在建筑施工的过程中，建筑人员需对楼层设置相应的转换层，当发生地震的时候，楼层的抗震性便能得到相应程度的增强。此外，在建筑的过程中，建筑人员需对楼层的结构转换层的高度进行一定程度的限制，在合适的高度基础上，楼层的安全性才能得到相应程度的保障，进而人民的生命健康免受威胁。

（二）混凝土工程施工技术

在施工的过程中，施工人员需使用混凝土进行工程的建设，因此，施工人员需对混凝土质量进行严格的把控，在混凝土质量检验的过程中，需遵照相应的标准，其是否具有较大的抗压性能，是否适应建筑工程施工技术的要求。在工程开展前，相应人员应对水泥标号开展相应程度的审查，在审查的基础上，避免出现较多的错误。此外，水泥与水灰比也应进行合理的调控，在施工人员运用合理调控比例的情况下，才能确保工程施工的合理开展，工程混凝土施工技术得到相应程度的保障，在运用恰当比例配合的过程中，混凝土施工技术将得到更大程度的发展，从而确保工程的精细化施工。在混凝土施工过程中，需根据不同楼层的建筑面积进行不同的混凝土调配比例，从而使工程施工技术得到更大的发展。对于商场等特大建筑层，便需要施工人员进行较多的水凝土调配，在精准调配的基础上，保障高层建筑工程顺利施工。

（三）后浇带施工技术

在高层建筑的主楼与裙房间具有相应的后浇带，在实际生活中，当施工人员进行工程建筑施工的时候，会将主楼与裙房之间进行相应程度的连接，在连接的过程中，施工人员会使主楼处于中央的位置，裙房围绕主楼进行相应程度的环绕，在连接的过程中，主楼与裙房应进行一定程度的分开。在运用变形缝的基础上，会使高层建筑的整体布局发生相应程度的改动，为了使此种问题得到相应程度的缓解，施工人员便需运用后浇带施工技术，在运用此技术的过程中，便能使高层建筑处于稳固的状态中，使其不会出现相应程度的沉降危险，工程施工进度得到相应程度的保障。后浇带技术是一种新颖的技术，其能适应高层建筑工程不断发展的步伐。

（四）悬挑外架施工技术

在脚手架搭建的过程中，在建筑物外侧立面全高度和长度范围内，随横向水平杆、纵向水平杆、立杆同步按搭接连接方式连续搭接与地面成 45 ~ 60° 之间范围内的夹角，此外，对于长度为 1m 的接杆应运用 5 根立杆的剪刀撑进行一定程度的固定，而对于剪刀撑的固定则应运用 3 个旋转的组件，在不断搭建的过程中，旋转部位与搭建杆之间应保持一定程度的距离，距离以 0.1m 为最佳范围，才能保证外架的稳定性。在高层建筑施工的过程中，当外架处于一种稳定的状态中，才能确保高层建筑工程施工的安全性。根据施工成本管理，低于 10m 不是最佳搭设高度，按照扣件式钢管脚手架安全规范的要求，悬挑脚手架的搭设高度不得超过 20m，20.1m 为最佳搭设高度。在脚手架搭设的过程中，其脚手架的立杆接头处应采用对接扣件，在交错布置的过程中，相邻的立杆接头应处于不同跨内，且错开的距离应至少 500mm，且接头与主中心节点处应小于 1/3。

在规范中以双轴对称截面钢梁做悬挑梁结构，其高度至少应为 160mm，且每个悬挑梁外应设置钢丝与上一层建筑物进行拉结，从而使其不参与受力计算。

总而言之，在高层建筑施工的过程中，施工承包方为使其建筑物的安全性得到一定程度的保障，其需要求施工人员对施工技术手段进行相应的改动。在不断调整的过程中，施工技术便能得到更大的发展，从而使高层建筑的施工质量得到相应程度的保障，人民处于安全的居住环境中，社会经济效益得到增长。

第二节　建筑工程施工测量放线技术

建筑工程施工测量是施工的第一道工序，是整个工程中占有主导地位的工程，而建筑施工测量放线技术则为施工中地的各个方面都提供了正常运行的保障。本节主要分析探讨了施工测量的流程和质量监控及其技术，以及视觉三维技术在测量放线技术中的应用。

一、概述

在建筑施工项目启动之后，首先要做的工作就是施工定位的放线，它对于整个工程施工的成功与否具有重要意义，在实际施工过程中，测量放线不仅要对施工进度的实时跟进，还要根据施工进度对设计标准和施工标准进行对比，及时改正施工误差，对建筑工程标准高度和平面位置进行测量。在每一个施工项目进行施工之前，测量放线时每一个施工项目施工之前必要的准备，不仅要对设计图纸进行反复的检验，还要对设计标准进行探究分析，保证每一个环节之下的标准都达到设计标准，施工人员严格按照图纸要求，照样施工，把图纸上体现出来的各个细节全部要在建筑物上展现。在施工人员进行测量放样时，如果要保证测量放线的可靠性和严谨性，就必须严格按照施工图纸进行施工，从而保证工程质量，降低返工率，施工人员还要对施工作业具有丰富的经验和熟练的器械设备操作经验。如果在测量放线的过程中出现差错，必然会对施工项目的建设成果造成严重的影响。在工程施工完成后，测量放线人员要根据竣工图进行竣工放线测量，从而对日后建筑可能出现的问题进行及时的维修工作。

二、建筑工程施工的测量的主要内容和准备工作

（一）测量放线的主要施工内容

主要施工内容是按照设计方的图纸要求严格进行测量工作，为了方便后期对施工项目的查验，对前期的施工场地做好土建平面控制基线或红线、桩点、表好的防线和验收记录，对垫板组进行相应的设置，然后对基础构件和预件的标准高度进行测量，建立主轴线网，保证基础施工的每一个环节都做到严格按照图纸施工，先整体，后局部，高精度控制低精度。

（二）测量之前的准备工作

1.测量仪器具的准备

严格按照国家有关规定，在钢框架结构中投入使用的计量仪器具必须经过权威的计量检测中心检测，在检测合格之后，填写相关信息的表格作为存档信息，应填写的表格有《计

量测量设备周检通知单》《计量检测设备台账》《机械设备校准记录》《机械设备交接单》。

2. 测量人员的准备

相关操作的测量人员的配备要根据测量放线工程的测量工作量及其难易程度而定。

3. 主轴线的测量放线

根据建立的土建平面控制网和测量方案，对整个工程的控制点进行相应地主轴线网的建立，并设置主控制点和其余控制点。

4. 技术准备

做到对图纸的透彻了解并且满足工程施工的要求，对作业内的施工成果进行记录以便后期核查。

三、测量放线技术的应用

每一个施工项目之前对其进行定位放线是关乎工程施工能否顺利进行的重要环节，平面控制网的测放以及垂直引测，标高控制网的测放以及钢珠的测量校正都是为了确保施工测量放线的准确与严谨，而测量放线技术的掌控能力则是每一个技术管理人员必备的技能。

（一）异形平面建筑物放线技术

在场面平整程度好的情况下，引用圆心，随时对其进行定位，如果在挖土方时，因为建筑物或土方的升高，出现圆心无法进行延高或者圆心被占时，就要对其垂直放线，进行引线的操作，这是在异形平面建筑物最基本的放线技术，根据实际施工情况选择等腰三角形法、勾股定理法和工具法等相应地进行测量放线。将激光铅直仪设置在首层标示的控制点上，逐一垂直引测到同一高度的楼层，布置六个循环，每 50 米为一段，避免测量结果的误差累计，确保测量过程的安全和测量结果的精准，做到高效且快速，保证测量达到设计标准。

（二）矩形建筑放线技术

在这种情况下，最常使用的测定方式有钉铁钉、打龙门桩和标记红三角标高，在垫层上打出桩子的位置且对四个角用红油漆进行相应的标注。在矩形的建筑中，通常要对规划设计人员在施工设计图中标注的坐标进行审核，根据实际的施工情况对其进行相应地坐标调整，减少误差，对建筑物的标高和主轴线进行相应的测量。

四、视觉三维测量技术在测量放线中的应用

随着科技的不断发展，动态和交互的三维可视技术已被广泛地应用到了对地理现象的演变过程的动态分析及模拟，在虚拟现实技术和卫星遥感技术中尤为明显。视觉三维测量技术肩带来说就是把在三维空间中的一个场景描述映射到二维投影中，即监视器的平面上。

在进行三维图像的绘制时，主要的流程大只就是将三维模型的外部用去面试题造型进行描述，大致逼近，从而在一个合适的二维坐标系中利用光照技术对每一个像素在可观的投影中赋予特定的颜色属性，显示在二维空间中，也就是将三维的数据通过坐标转换为二维的数据信息。

综上所述，在建筑工程施工测量放线技术在施工之前以及施工的过程中就被反复应用，关系到了整个施工项目的成败，对施工质量管理起着重要的影响作用，随着建筑造型的多样变化，测量放线技术的难度日益增加，应该在每一个环节的应用进行分析探讨，都要严格按照指定的施工方案实施，从而保证工程施工的质量。

第三节 建筑工程施工的注浆技术

如今，随着时代的发展，建筑工程对于我国至关重要。而建筑工程是否优质，由注浆工作的优良决定。注浆技术就是将一定比例配好的浆液注入建筑土层中，使土壤中的缝隙达到充足的密实度，起到防水加固的作用。注浆技术之所以被广泛运用到建筑行业，是因为其具有工艺简单、效果明显等优点，但将注浆技术运用到建筑行业中也遇到了大大小小的问题。本节旨在通过实例来分析注浆技术，试图得出可以将注浆技术合理运用到建筑行业中的措施。

建筑工程十分繁杂，不仅包括建筑修建的策划，还包括建筑修建的工作，以及后面维修养护的工作。随着科技的飞速发展，建筑技术也不断地成熟，注浆技术也有一定程度的提升，而且可以更好地使用与建筑过程中，但是在运用的过程中也遇见了很对大大小小的问题，这不仅需要专业技术人员进行努力解决，还需要国家多颁布政策激励大家进行解决。注浆技术就是将合理比例的淤浆通过一个特殊的注浆设备注入土壤层，虽然过程看起来十分简单，但是在其运用过程中也有难以解决的问题。注浆技术运用于建筑工程中的主要优点就是：一定比例的浆料往往有很强的黏度，可以将土壤层的空隙紧密结合起来，填补土壤层的空隙，最终起到防水加固的作用。注浆技术在我国还处于初步发展阶段，需要我们进一步的进行研究探索。

一、注浆技术的基本概论

（一）注浆技术原理

注浆技术的理论基础随着时代和科技的发展越来越完善，越来越适合用于建筑工程中。注浆技术的原理十分简单，就是将有黏性的浆液通过特殊设备注入建筑土层中，填补土壤层的空隙，提高土壤层的密实度，使土壤层的硬度以及强度都能够得到一定程度的提高，这样当风雨来袭，建筑能够有很好的防水基础。值得注意的一点是，不同的建筑需要配定不同比例的浆液，这样才可以很好地填充土壤层缝隙，起到防水加固的作用。如果浆液配定的比例不合适，那么注浆这一步工作就不能产生实际的作用，造成工程量的增加，也浪费了大量的注浆资金。所以，在进行注浆工作前，要根据不同的建筑配备合理的浆液比例，这样才有利于后续注浆工作的进行。而且注浆设备也要进行定期的清理，不然在注浆的工程中，容易造成浆液的堵塞，影响后续工作的进行。而且当浆液凝固在注浆设备中，难以对注浆设备进行清理，容易造成注浆设备的报废，也对造成浆液资金的大量浪费。

（二）注浆技术的优势

注浆技术虽然处于初步发展阶段，但是却已经广泛运用于建筑工程中，其主要的原因是其具有三个优势：第一个优势是工艺简单，第二个优势是效果明显，第三个优势是综合性能好。注浆技术非常简单，就是将有黏性的浆液通过特殊设备注入建筑土层中，填补土壤层的空隙，提高土壤层的密实度，使土壤层的硬度以及强度都能够得到一定程度的提升。而且注浆技术可以在不同部位中进行应用，这样就有利于同时开工，提高工作效率。注浆技术也可以根据场景（高山、低地、湿地、干地等等）的变换而灵活更换施工材料和设备，比如在高地上可以更换长臂注浆设备，来满足不同场景下的施工需要。注浆技术最主要的优点就是效果明显，相关人员通过合适的注浆设备进行注浆，用浆液填补土壤层的空隙，最后能使建筑能够很好地防水和稳固，即使是洪水暴雨的来袭，墙壁也不容易进水和坍塌。在现实生活中，注浆技术十分重要，因为在地震频发的我国，可以有效地防治地震时建筑过早的坍塌，可以使人民有更多的逃离时间。综合性能好是注浆技术运用于建筑工程中最明显的优点。注浆技术将浆液注入土壤层中，能够很好地结合内部结构，不产生破坏，不仅可以很好地提升和保证建筑的质量，还可以延长建筑结构的寿命。也就是这些优势，才使注浆技术在建筑工程中如此受欢迎。

二、注浆技术的施工方法分析

注浆技术有很多种：高压喷射注浆法、静压注浆法、复合注浆法。高压喷射注浆法在注浆技术中是比较基础的一种技术，而静压注浆法主要应用于地基较软的情况，复合注浆法是将高压喷射注浆法和静压注浆法结合起来的方法，从而起到更好的加固效果。每种方法都有不同的优势，相关人员在进行注浆时，可以结合实际情况选择合适的注浆方法，这样才可以事半功倍，而且还可以将多种注浆方法进行结合使用，这样也有利于提高工作效率。下面进行详细介绍：

（一）高压喷射注浆法

高压喷射注浆法在注浆技术中是比较基础的一种技术。高压喷射注浆法最早不在我国运用，早在十八世纪二十年代的时候，日本首先应用了高压喷射法，并且取得了一定的成就。我国在几年引入高压喷射注浆法运用于建筑工程中，也取得了很好的结果，而且在使用的过程中，我国相关人员总结经验结合实例，对高压喷射注浆法进行了一定的改善，使其可以更好地运用在我国的建筑过程中。高压喷射注浆法主要运用基坑防渗中，这样有利于基坑不被地下水冲击而崩塌，保证基坑的完整性和稳固性，而且高压喷射注浆法也适用于建筑的其他部分，不仅可以使有效地进行防水，还进一步提高了其的稳定性。高压喷射注浆法比起静压注浆法，具有很明显的优势，就是高压喷射注浆法可以适用于不同的复杂环境中，而静压注浆施工方主要应用于地基较软的环境。静压注浆法比起高压喷射注浆法，也具有很大的优势，就是静压注浆法可以对建筑周围的环境也能给予一定保护，而高压喷射注浆法却不可以。

（二）静压注浆法

静压注浆施工方法主要应用于地基较软、土质较为疏松的情况。注浆的主要材料是混凝土，其自身具有较大的质量和压力，因而在地基的最底层能够得到最大程度的延伸。混凝土凝结时间较短，在延伸的过程中，会因为受到温度的影响而直接凝固，但是在实际的施工过程中，施工环境的温度局部会有不同，因而凝结的效果也大不相同。

（三）复合注浆法

复合注浆法具体来说即是由上文介绍的静压注浆法与高压喷射注浆法相结合的方法，所以其同时具有了静压注浆法与高压喷射注浆法的优点，在应用范围上也更加广泛。在应用复合注浆法进行加固施工时，首先通过高压喷射注浆法形成凝结体，然后再通过静压注浆法减少注浆的盲区，从而产生更好的加固效果。

三、房屋建筑土木工程施工中的注浆技术应用

注浆技术在房屋建筑土木工程施工中也被广泛应用，主要运用在土木结构部位、墙体结构、厨房与卫生间防渗水中。土木结构部位包括地基结构、大致框架结构等等，都需要注浆技术来进行加固。墙体一般会出现裂缝，如果每一条缝隙都需要人工来一条一条进行补充，不仅会加大工作压力，而且填补的质量得不到保证，这时就需要注浆技术来帮忙，通过将浆液注入缝隙中，可以很好地进行缝隙的填补，既不破坏内部结构，也不破坏外部结构。人们在厨房与卫生间经常用水，所以厨房和卫生间一定要注意防水，而使用注浆技术能够很好地增加土壤层的密实度，提高厨房和卫生间的防渗水性。下面进行详细的介绍：

土木结构部位应用随着注浆技术的应用范围越来越广，其技术也越来越成熟，特别是由于注浆技术的加固效果，使得各施工单位乐于在施工过程中使用注浆技术。土木结构是建筑工程中最重要的一部分，只有结构稳固，才能保证建筑工程的基本质量。注浆技术能够对地基结构进行加固，其他结构部位也可利用注浆技术进行加固，尽管注浆技术有如此多的妙用，在利用注浆技术对土木结构部位加固时，要严格遵守以下施工规范：施工时要用合理比例的浆液，而且要选择合适的注浆设备，这样才能事半功倍，保证土木结构的稳定性。

（一）在墙体结构中的应用

墙体一旦出现裂缝就容易出现坍塌的现象，严重威胁着人民的安全。为此，需要采用注浆技术来有效加固房屋建筑的墙体结构，以防止出现裂缝，保证建筑质量。在实际施工中，应当采用粘接性较强的材料进行裂缝填补注浆，从而一方面填补空隙，一方面增加结构之间的连接力。另外在注浆后还要采取一定的保护措施，才能更好地提高建筑的稳固性，保证建筑工程的质量，进而保证人民的人身安全。

（二）厨房、卫生间防渗水应用

注浆技术在厨房、卫生间防渗水应用中使用的最频繁。注浆技术主要为房屋缝隙和结构进行填补加固。厨房、卫生间是用水较多的区域，它们与整个排水系统相连接，如发生渗透现象将会迅速扩散渗透范围，严重的话会波及其他建筑部位，最终发生坍塌的严重现象。因此解决厨房、卫生间防渗水问题，保证人民的人身安全时，要采用环氧注浆的方式：首先要切断渗水通道，开槽完后再对其注浆填补，完成对墙体的修整工作。

综上所述，注浆技术是建筑工程中不可或缺且至关重要的技术，其不仅可以加固建筑，而且还可以提高建筑的防水技能。注浆技术有很多种：高压喷射注浆法、静压注浆法、复合注浆法，相关工作人员只有结合实际情况选择合适的注浆方法，才可以事半功倍，而且还可以结合使用多种注浆方法，提高工作人员的工作效率，保证建筑工程的质量。

第四节 建筑工程施工的节能技术

随着我国经济社会的快速发展，人们物质生活不断提高，越来越多的人住进了现代化的高楼大厦。而人们对建筑施工建筑的需求也是越来越高，越来越多的高楼大厦正在拔地而起。但是，在建筑施工过程中存在着许许多多的困难需要克服，对于建筑施工节能技术的研究亟待提高。因此面对这些问题如何进行克服是每一个从业者必须要面对的，在接下来的文章中将具体对建筑施工节能技术的研究进行分析。

随着我国经济和科技的不断发展，人们的生活水平逐渐提高，我国建筑行业也取得了较大进步，施工技术及工程质量也得到了较大提升。人们越来越重视节能、环保、绿色、低碳发展，因此这就对我国建筑工程施工过程提出了较高的要求，建筑企业应当根据时代发展的需求不断调整自身建筑方式以及施工技术，最大限度地满足用户的需求。建筑企业对建筑物进行创新、节能建设可以有效降低房屋施工过程中的能源损耗，提高建筑物的稳定性及安全性。随着社会发展进程不断加快，各种有害物质的排放量也逐渐增加，如若不及时加以控制人类必将受到大自然的反噬，因此将节能环保技术应用于建筑施工工程已经成为大势所趋。节能环保技术有助于节能减排，同时可以有效减少环境污染，促进我国可持续健康发展。

一、施工节能技术对建筑工程的影响

建筑节能技术对建筑工程主要有着三方面的影响：第一，节能技术的应用能够减少建筑施工中施工材料的使用。节能技术通过提高技术手段、优化施工工艺，采用更加科学、合理的架构，对建筑施工的整个过程进行优化，可以减少建筑施工过程中的物料使用与资源浪费，降低建筑工程的施工成本。第二，节能技术在建筑施工过程中的使用，能够降低建筑对周边环境的影响。传统的施工建筑过程中噪音污染、光污染、粉尘污染、地面垃圾污染问题严重，对施工工地周围居住的人民造成比较大的困扰，节能技术的应用可以将建筑物与周围的环境相融合，营造一个更加环境友好型的施工工地。第三，节能技术的应用帮助建筑充分的利用自然资源与能源，建筑在投入使用后可以减少对电力资源、水资源的消耗，提高建筑整体的环保等级，提高业主的舒适感。

二、施工节能技术的具体技术发展

（一）在新型热水采暖方面的运用

据调查统计，燃烧煤炭的采暖方式在我国北部地区依然是主要采暖方式，但是在其燃烧时会释放出 SO_2、CO_2 和灰尘颗粒等有害物质，不但浪费了不可再生的煤炭资源，而且严重影响环境和居民健康。随着时代的进步，新型绿色节能技术的诞生意味着采暖方式也将向更加绿色环保的方向前进。例如采用水循环系统，即在工程施工时利用特殊管道的设置连接和循环水方法，使水资源和热能的利用率最大化，增加供暖时长，减小污染和浪费，改善居住环境。

（二）充分利用现代先进的科学技术，减少能源的消耗

随着科学技术的不断发展，越来越多的先进的技术被运用到当代的建筑当中去，并且这些技术对于环境的污染并不是很多，这就要求我们充分的利用这些技术，科学技术的不断发展可以很好地解决节能等相关问题。利用先进的技术，要考虑楼间距的问题，动工的第一步就是开挖地基，这一过程必须运用先进的技术进行精密的计算，不能有一点的差错，只有完成好这一步才能更好地完成之后的工作，为日后建成打下坚实的第一步。而太阳能的使用也是十分有划时代意义的。太阳能作为一种清洁能源，取之不尽用之不竭，现在已经逐渐进入了千家万户之中。另外对于雨水的收集，进行雨水的清洁处理，实现真正的水循环，可以减少水资源的浪费。充分利用自然界的水风太阳，实现资源的循环使用，真正地做到节能发展。

（三）将节能环保技术应用于建筑门窗施工中

在施工单位将建筑整体结构建设完成之后，就应当进行建筑物的门窗施工。门窗施工

工程在建筑物整体施工过程中占有较大地位，门窗的安装不仅需要大量的材料而且需要大量的安装工人，而材料质量较差的门窗会影响建筑整体的稳定性和安全性，在安装结束后还会出现一系列的问题，这就迫使施工单位进行二次安装，严重增加了施工成本，同时也降低了施工效率以及建筑质量。因此建筑企业在进行建筑物的门窗施工时，应当充分采用节能环保材料以及新型安装技术，完整实现门窗的基本功能，同时还能使其和建筑物整体完美融合，增强建筑物的环保性、稳定性、安全性以及美观性。

（四）建筑控温工程中的节能技术应用

建筑在施工过程中的温度控制基础设施主要是建筑的门窗。首先，在建筑的选址与朝向设计上，要应用先进的技能科技，通过合理的测绘和数据计算，根据当地的光照情况与风向情况，合理的设计建筑的门窗朝向与门窗开合方式，保障建筑在一天的时间内，有充足的自然线与自然风从窗户进入建筑内部，减少建筑后期装修中的温控设备与新风系统的能源资源消耗；其次，要科学的设计门窗在建筑中的位置、形状与比例，根据建筑的朝向和整体的室内空气调节系统的设计，制定合理的门窗比例，既不能将比例定得过大，造成室内空气与室外空气的过度交换，也不能定得过小，造成室内空气长期流通不畅；再次，要采用节能技术，在门窗周围设置合理的温度阻尼区，令进入室内的外部空气的温度在温度阻尼区进行合理的升温或降温，使之与室内温度的差值减小，减少室内外的热量交换，降低建筑空调与新风系统的压力。最后，要选择节能的门窗玻璃材料与金属材料，例如，采用最新的铝断桥多层玻璃技术，增强窗户的气密效果，减少室内外的热量交换。

综上所述，建筑施工中节能技术的应用，是现代建筑工艺发展的一种必然，既有利于建筑行业本身合理地利用资源能源，促进行业的健康可持续发展，也响应了我国建设环境保护型、资源节约型社会的号召，同时，也符合民众对新式建筑的普遍期待，是建筑施工行业由资源能源消耗型产业转向高新技术支持型产业的关键一步。

第五节　建筑工程施工绿色施工技术

本节以建筑工程的施工为说明对象，对施工过程中应用的绿色施工技术进行了深入的分析和研究，主要阐述了在建筑工程施工过程中应用绿色施工技术的目的和重要性所在，并且针对这个行业在未来发展中可能存在的问题进行了介绍，希望可以给读者带来一些有用的信息，供读者进行参考和借鉴。

随着社会的不断进步和经济的快速发展，建筑行业在取得了长远发展的同时也面临着相应的问题：施工技术缺乏和环保理念贯彻问题等，给建筑工程的施工开展带来了很大的影响，所以解决这些问题是目前的关键所在，针对这种情况，有关部门和单位必须对绿色施工技术进行及时的改进和优化，然后在建筑工程施工中去应用这些绿色施工技术，让整个施工任务变得更加绿色和环保，提高建筑工程施工的质量效果和效率。

一、对建筑工程施工绿色施工技术的应用研究

（一）在环保方面的研究

我国的建筑行业在众多工作人员的不懈努力之后和以前相比已经今非昔比，在世界的建筑行业领域也占有了一席之地，但是在建筑行业快速发展的同时相关部门却严重忽视了环境保护在建筑施工中的重要影响，仅关注经济效益而忽视环境效益。从某种程度上而言，建筑工程的建设会利用大量的人力、物力和财力，并给施工现场周围的环境带来很大的损害，另外受到了施工技术落后和施工的机械设备落后的影响，这和我国的可持续发展战略是相违背的，并且人民群众的日常生活和工作都因为建筑工程的施工受到了很大的影响，无法保持正常的生活与工作，所以对建筑工程施工绿色施工技术进行优化迫在眉睫。绿色施工技术的目的就在于保证建筑工程施工进行中可以保护周围的环境不受破坏，和自然环境达到和谐相处。

传统的建筑工程施工技术在使用的过程中不可避免的将产生大量的环境污染问题，并对后期的环境改善工作提出新挑战。而通过绿色施工技术的应用，可以在提高环境保护效果的同时，降低环境污染的产生。与此同时，通过利用环保型建材也可以减少建筑成本，并提高工程建设的质量效果和效率，使建筑工程施工所带来的社会效益和经济效益最终实现了和谐的统一，给我国建筑行业的环保性和节能性带来了积极的作用，改善了以往建筑行业的高消耗和高污染的特点，让建筑工程的施工变得更加绿色环保。

（二）应用关键性技术

1.施工材料的合理规划

传统的建筑工程建设中使用的施工技术在施工材料的使用中出现了过度浪费的现象，所以就给建筑工程建设增加了成本。然而，解决这一问题需要对施工材料进行合理的选择并不断地推动其进行改进和优化，从而减少建筑企业在材料方面的成本投入，实现对材料的高效使用。具体而言，选择一部分能够二次回收利用或者循环利用的原材料就是具体实施的方法。在建筑工程施工进行中，相关工作人员一定要严格遵守绿色施工的原则，而做到这一点就必须从材料的合理选择优化方面进行着手，优先利用无污染、环保的材料来进行施工建设。当然，其中对于材料的储存问题也要进行充分的考虑，减少因为方法问题而带来的损失。同时，针对建设中出现的问题还要进行后续环保处理，由工作人员借助一些先进的设备来对这些材料进行回收利用和处理，比如说目前经常用到的机械设备就是破碎机、制砖机和搅拌机等等。在对这些材料做到了回收利用之后还需要着重注意利用多重处理方式进行操作，对于处理后的材料重新利用，将废旧的木材等不可再生资源循环利用，提高资源利用效率，实现环保理念的贯彻。

除此之外，还需要在实践中展开对施工技术的选择和优化，对施工材料进行科学的管理和使用，减少因为材料或多或者使用方法不当而造成的材料浪费现象发生。在施工任务正式开始之前，施工人员一定要根据实际情况做好施工图纸的设计工作，对整个工作阶段进行很好的规划，对每一个环节每一个细节都可以被关注，并且在施工阶段工作人员一定要严格按照预先计划进行施工和材料的采购和使用，避免出现材料的浪费，给企业创造更大的经济效益和社会效益。

2. 水资源的合理利用

水资源目前是一种相对来说比较紧缺的资源，但是我国现在建筑行业关于水资源使用的现状却不容乐观，依然普遍的存在水资源浪费的现象，针对这种情况相关部位一定要采取措施进行及时的解决。在水资源合理利用中十分关键的环节之一就是基坑降水，这个阶段通过辅助水泵效果的实现可以有效地推动水资源的充分利用，并减少资源的浪费现象。通过储存水资源的方式也可以方便后续工作的使用，这一部分的水资源的具体应用主要体现在对楼层养护和临时消防的水资源利用的提供。从某种程度而言，这两个环节是可以减少水资源消耗的重要环节，可以最大化的减少水资源的浪费。

与此同时，建筑施工中还可以通过建造水资源的回收装置来实现水资源的合理利用，对施工现场周围区域的水资源展开回收处理，针对自然的雨水资源等进行储存、净化以及回收，提高各种可供利用水资源的利用效率。比如说，对施工区域附近来往的车辆展开清洗工作用水、路面清洁用水、对施工现场的洒水降尘处理用水等进行合理的规划设计，提高水资源利用效率。。除了上述以外，建筑行业必须严格制定有效的水质检测和卫生保障措施来实现非传统水源的使用和现场循环再利用水，这样也可以最大限度上保证人的身体健康，提高建筑工程的施工质量效果。

3. 土地资源利用的节能处理

很多建筑工程在具体的建设施工过程中都会对于周围的土地造成破坏，并带来利用危害，这主要是是指：破坏土地植被生长情况、造成土地污染、减少水源养护、造成水资源的流失等现象，这些情况的存在会给周围的施工区域带来十分严重的影响。由此，针对这种情况相关部分必须提高对于施工环境周围地区的土地养护工作重视程度，及时采取有效措施进行问题的解决和土地资源的保护。而且，由于建筑施工程缺乏对于建筑施工的有效设计和合理规划，就导致其在具体施工阶段给土地带来很严重的影响，并且由于没有对施工的进度进行严格的把控，很大一部分的土地出于闲置状态，进而造成土地资源的浪费。对于这种问题的存在，需要有专门的人员进行施工方案的有效设计和重新规划，对于具体建设施工过程中土地利用情况进行全面的分析和研究对其有一个全面的了解和认识，最终形成对于建筑施工设备应用和施工材料选择的全面分析和合理设计。

除此之外，在做好提高资源利用效率工作的同时，还需要加强对节能措施推进工作的监督，对于在建筑施工中应用的各种电力资源、水资源、土地资源等进行节能利用，减少资源浪费现象的存在。当然，在条件允许的情况下，可以多利用一些可再生能源，发挥资源的替代效果。在建筑工程施工阶段要对机械设备管理制度进行不断地建立健全，对设备档案进行不断地丰富和完善。同时，做好基础的维修、防护工作，提高设备的使用寿命，并将其稳定在低消耗高效率的工作状态之下。

总而言之，建筑行业随着社会的不断进步和经济的快速发展也取得了快速发展，但是这同时也出现了许多问题，针对这种情况必须在施工阶段采用绿色施工技术，并且对这项技术进行不断地改进和优化，对施工方案进行合理地安排和科学地规划，除此之外还需要培养施工人员的节约意识，制定合理的管理制度，避免出现材料浪费和污染的现象，给建筑工程的绿色施工打下一个坚实的基础，提高建筑工程施工的效率和质量。

第六节　水利水电建筑工程施工技术

随着经济的进步与社会的发展，人们越来越重视水利水电工程发挥的实际作用。水利水电工程对我国人民而言意义重大，若是没有水利水电工程，那么人民的日常起居都无法正常进行。为此，国家应当加强对水利水电工程的关注，确保水利水电工程的施工技术能够提高，从而促进水利水电工程的建设。

一、水利工程的特点

水利工程的施工时间长久、强度大，其工程质量要求较高、责任重大等特点，所以，在水利工程的施工中，要高度注重施工过程的质量管理，保证水利工程的高效、安全运转。水利工程施工与一般土木工程的施工有许多相同之处，但水利工程施工有其自身的特点：

首先，水利工程起到雨洪排涝、农田灌溉、蓄水发电和生态景观的作用，因而对水工建筑物的稳定、承压、防渗、抗冲、耐磨、抗冻、抗裂等性能都有特殊要求，需按照水利水程的技术规范，采取专门的施工方法和措施，确保工程质量。

其次，水利工程多在河道、湖泊及其他水域施工，需根据水流的自然条件及工程建设的要求进行施工导流、截流及水下作业。

再次，水利工程对地基的要求比较严格，工程又常处于地质条件比较复杂的地区和部位，地基处理不好就会留下隐患，事后难以补求，需要采取专门的地基处理措施。

最后，水利工程要充分利用枯水期施工，有很强的季节性和必要的施工强度，与社会和自然环境关系密切。因而实施工程的影响较大，必须合理安排施工计划，以确保工程质量。

二、水利建筑工程施工技术分析

（一）分析水利建筑施工过程中施工导流与围堰技术

施工导流技术作为水利建筑工程建设，特别是对闸坝工程施工建设有着不可替代的作用。施工导流应用技术的优质与否直接影响着全部水利建设施工工程能否顺利完成交接。在实际工程建设过程中，施工导流技术是一项常见的施工工艺。现阶段，我国普遍采用修筑围堰的技术手段。

围堰是一种为了暂时解决水利建筑工程施工，而临时搭建在土坝上的挡水物。一般而言，围堰的建设需要占用一部分河床的空间。因此，在搭建围堰之前，工程技术管理人员应全面探究所处施工现场河床构造的稳定程度与复杂程度，避免发生由于通水空间过于狭小或者水流速度过于急促等问题，给围堰造成巨大的冲击力。在实际建设水利施工工程时，利用施工导流技术能够很好的控制河床水流运动方向和速度。再加上，施工导流技术应用水平的高低，对整体水利建筑工程施工进程具有决定性作用。

（二）对大面积混凝土施工碾压技术的分析

混凝土碾压技术是一种可以利用大面积碾压来使得各种混凝土成分充分融合，并进行工程浇注的工程工艺。近年来，随着我国大中型水利建筑施工工程的大规模开展，这种大面积的混凝土施工碾压技术得到了广泛的推广与实践，也呈现出了良好的发展态势。这种大面积混凝土施工碾压技术具有一般技术无法替代的优势，即能够通过这种技术的应用与实践取得相对较高的经济效益和社会效益。再加上，大面积施工碾压技术施工流程相对简单，施工投入相对较小，且施工效果显著，其得到了众多水利建筑工程队伍的信赖，被大量应用于各种大体积、大面积的施工项目中。与此同时，同普通的混凝土技术相比，这种大面积施工碾压技术还具有同土坝填充手段相类似，碾压土层表面比较平整，土坝掉落概率相对较低等优势。

（三）水利施工中水库土坝防渗、引水隧洞的衬砌与支护技术

（1）水库土坝防渗及加固。为了防止水库土坝变形发生渗漏，在施工过程中对坝基通常采用帷幕灌浆或者劈裂灌浆的方法，尽可能保证土坝内部形成连续的防渗体，从而消除水库土坝渗漏的隐患。在对坝体采用劈裂灌浆时，必须结合水利建筑工程的实际情况来确定灌浆孔的布置方式，一般是布置两排灌浆孔，即主排孔和副排孔。具体施工过程中，主排孔应沿着土坝的轴线方向布置，副排孔则需要布置在离坝轴线 1.5m 的上侧，并要与主排孔错开布置，孔距应该保持在 3 至 5 米范围内，同时尽量要保证灌浆孔穿透坝基在坝体内部形成一个连续的防渗体。而如果采用帷幕灌浆的方法，则应该在坝肩和坝体部位设两排灌浆孔，排距和劈裂灌浆大体一致，而孔距则应该保持在 3 到 4 米，同时要保证灌浆

孔穿过透水层，还要选用适宜的水泥浆和灌浆压力，只有这样才能保证施工的质量。

（2）水工隧洞的衬砌与支护。水工隧洞的衬砌与支护是保证其顺利施工的重要手段。在水利建筑工程施工过程中常用的衬砌和支护技术。主要包括：喷锚支护及现浇钢筋混凝等。其中现浇钢筋混凝土衬砌与一般的混凝土施工程序基本一致，同样要进行分缝、立模、扎筋及浇筑和振捣等；而水工隧洞的喷锚支护主要是采用喷射混凝土、钢筋锚杆和钢筋网的形式，对隧洞的围岩进行单独或者联合支护。值得注意的是在采用钢筋混凝土衬砌时，要注意外加剂的选用，同时要注意对钢筋混凝土的养护，确保水利建筑工程的施工质量。

（四）防渗灌浆施工技术

（1）土坝坝体劈裂灌浆法。在水利建筑工程施工中，可以通过分析坝体应力分布情况，根据灌浆压力条件，对沿着轴线方向的坝体予以劈裂，之后展开泥浆灌注施工，完成防渗墙的建设，同时对裂缝、漏洞予以堵塞，并且切断软弱土层，保证提高坝体的防渗性能，通过坝、浆相互压力机的应力作用，使坝体的稳定性能得到有效地提高，保证工程的正常使用。在对局部裂缝予以灌浆的时候，必须运用固结灌浆方式展开，这样才可以确保灌注的均匀性。假如坝体施工质量没有设计标准，甚至出现上下贯通横缝的情况，一定要进行权限劈裂灌浆，保证坝体的稳固性，实现坝体建设的经济效益与社会效益。

（2）高压喷射灌浆法。在进行高压喷射灌浆之前，需要先进行布孔，保证管内存在着一些水管、风管、水泥管，并且在管内设置喷射管，通过高压射流对土体进行相应的冲击。经过喷射流作用之后，互相搅拌土体与水泥浆液，上抬喷嘴，这样水泥浆就会逐渐凝固。在对地基展开具体施工的时候，一定要加强对设计方向、深度、结构、厚度等因素的考虑，保证地基可以逐渐凝结，形成一个比较稳固的壁状凝固体，进而有效达到预期的防身标准。在实际运用中，一定要按照防渗需求的不同，采用不同的方式进行处理，如定喷、摆喷、旋喷等。灌浆法具有施工效率高、投资少、原料多、设备广等优点，然而，在实际施工中，一定要对其缺点进行充分的考虑，如地质环境的要求较高、施工中容易出现漏喷问题、器具使用繁多等，只有对各种因素进行全面的考虑，才可以保证施工的顺利完成，进而确保水利建筑工程具有相应的防渗效果，实现水利建筑工程的经济效益与社会效益。

水利建筑工程施工技术的高低直接影响着水利项目应用效率的高低。因此，我们需要对水利工程的相关技艺进行深入的研究和分析，同时加强施工过程中的管理，保证其施工的顺利进行，确保水利建筑工程的施工质量，为未来国家经济的发展发挥其更加重要的作用。

第三章　建筑智能化

第一节　谈建筑智能化

　　介绍了"智能化"概念的产生，分析了"智能建筑"在中国的发展现状，并从基础、信息通信、管理等方面，对智能建筑的具体设计进行了详细的论述，最后对智能建筑的发展进行了展望。

一、"智能化"概念的产生

　　早期人们的住所非常简陋，只能满足人们最基本的需求。随着社会的发展科技的进步，人们的活动范围日益扩大，在扩大的同时人们对居住、工作等空间的要求越来越高。随着时间的推移，人们对建筑单体的要求不再是简单的休息、工作的空间，人们对它赋予了更高层次的要求。人们对单体环境的要求逐步提高，对湿热、空气质量、水、电、光、声及信息环境做出具体的要求。随着科学技术和生产力的提高，以前单体设计时需要的范畴得到扩充。

　　建筑单体方案设计随着 20 世纪 90 年代后期网络的兴起；人们的交通组织方式、单体各个功能间的相互协调等的要求都有了明显变化。逐步的包括了更多的现代信息技术，"智能建筑（Intelligent Building）"也悄然出现。

　　智能建筑的设计理念是由美国人率先提出。1984 年美国人建成了世界上第一座智能化建筑，此建筑运用计算机技术对单体内空调、给水、消防、安防及强弱电等系统设计时采用自动化统筹设计，并为单体内业主提供语音、文字、数据等各类技术信息。之后日本、德国、英国、法国等发达国家的智能建筑也相继发展，智能建筑已成为现代化城市的重要标志。

　　对于"智能建筑"这个专属词汇，世界上不同的国家对其有着截然不同的诠释。比如美国智能建筑学会诠释其为："智能建筑"是指建筑单体对其结构、系统、服务和管理这四个基础要点实施优化配置，为业主创造一个高效率且具备经济效益的空间。日本智能建筑研究会诠释其为："智能建筑"需满足包含商业辅助功效、通信辅助功效等在内的相关辅助功效作用，且能实现较高的自动化单体管理系统保障、舒适的景观和安防系统保障，从而提升其原有的工作效率。欧盟智能建筑集团诠释其为："智能建筑"是使得业主提高其效率，且又能达到相对低廉的维护资金、最合理的管控自身的建筑物。该建筑物需要提供一个反应迅速、效率高效且有执行力的环境，从而使得业主满足其相关要求。

二、"智能建筑"在中国的现状

在中国"智能建筑"设计开始于 1990 年，北京发展大厦为中国智能建筑的最初尝试者。在 20 世纪 90 年代我国"智能建筑"设计逐步开始推广。以当时的上海市浦东区为例，1997 年一年该地区就设计出近百栋的"智能建筑"设计图纸，并在随后得以实施。随后在 21 世纪的开始之年的十月我国住房与城乡建设部发布了我国第一个"智能建筑"在设计方面的"蓝本"——GB/T 50314—2000 智能建筑设计标准。该规范内确切的定义了智能建筑的含义——"以建筑为平台，兼备建筑设备、办公自动化及通信网络系统，集结构、系统、服务、管理及它们之间的最优化组合，向人们提供一个安全、高效、舒适、便利的建筑环境。"第一次以国家规范的形式定义了"智能建筑"的含义，同时也界定了"智能建筑"的内容和其所代表的含义。明确指出了"智能建筑"的定义。同时也明确了在设计伊始，每一个设计师对于项目为"智能建筑"的设计方向和相关的设计内容。规范了其在设计时所考虑的范畴和相关的标准化设计。随着人们生活水平的提高，人们对建筑物单体的智能化要求也日趋完善和提高，这使得我们每一个设计的从业者都要去认真和细致的了解每一个业主及来访人员的需求，在设计的时候就要去尽可能的考虑进去，一个单体的智能化程度的高与低好与坏，不在于你设计时运用了更高技术含量的网络集成技术，而是在于每一个设计师尤其是建筑设计师在设计的时候是否考虑到了每一个细节的设计。以下是在设计时自己总结的一些"智能建筑"设计时的考虑范围，希望通过此文与大家相互学习借鉴。

三、"智能建筑"概念进行设计

在方案设计时要以"智能建筑"概念为基础，结合"高效·安全·舒适·便利"为主导设计理念，最大限度地满足单体中各个部分的功能要求和其使用需求。在施工图纸的绘制过程中，各专业间需相互配合以达到单体或者整个项目的"智能最大及最合理"化，具体设计时可分为以下几个方面：基础部分、信息通信部分、服务部分、管理部分。以下就具体对这几个部分分开予以阐述。

（一）基础部分

基础部分是"智能建筑"最基础的部分起着奠基石的作用，这部分主要是建筑专业要协调电气专业以及结构专业，在单体的基础部分就开始布置和实施，为单体内部的下一步组织和分配奠定基础。其主要内容包括两个方面：第一方面为弱电线路基础布置，主要是指单体内部弱电管道和布线排布。其包含单体内主管道的水平及垂直走向，布线总线路走向及布置位置以及相关线路的接地系统。第二方面为单体建筑物的防雷接地，其内容包括有相关网控机房、消防和安防调度室、GPS 接收系统、单体周边设备、楼内管线的防雷接地点和接地网的布置。这部分需要建筑专业统一协调，以达到各部分的相互统一。

（二）信息通信部分

信息通信部分是指单体内的弱电线缆的铺设和相关设备线路的走线。具体包括以下几个方面的内容：

1. 综合布线系统

其包含有小区内部计算机的相互连接以及与因特网连接的网络、可视电话的区域连接、视频监控系统、楼宇设备自控系统以及其他相关智能化系统的综合线缆布置等。以上通讯部分需要建筑专业人员与甲方沟通，确定其需要的部分，并指导相关专业配合，以达到统一布置，综合利用的总体效果。

当前绝大多数项目均是接入万兆以太网能保证千兆到各层百兆到用户端。如果单体为综合体的话，应考虑使用功能部分的信息通信在物理相互各自独立。

2. 电话通信系统

随着现在人们对这部分的要求越来越精细，电话通信系统应包含以下几个方面：电话程控交换系统、带有无线基站的无绳电话、带有寻呼基站的寻呼系统、采用微蜂窝寻呼技术与程控电话交换机相对接，达到交换机分机寻呼、人工键盘寻呼或手持对讲机寻呼等功能。

3. 相关机房系统

包含网络中心的装修、强电配置、防雷接地、安防、专用区域的 VRV 空调系统等内容。同时为我国现行的三大移动信号商（联通、移动、网通）提供信号覆盖、增强及相关特定区域的屏蔽。建筑专业在施工图绘制过程中要考虑这些方面的空间预留，以及与相关专业间的配合走线，以到达布局合理，空间利用紧凑的效果。

（三）管理部分

此部分设计是为了便于整体管理而设置，以达到项目"管家式"管理的设计理念。具体包括以下几个方面：

1. 相关设备监测系统

其包含热水、给水、中水、强弱电、防排烟、喷淋以及电梯扶梯等相关系统的控制和管理。同时还要对不用的使用功能进行独立分隔，同一使用功能部分的相互独立计费等要求。在综合管理的同时还要兼顾其分别使用的要求。

2. 安防系统

包含视频监控、入侵报警、保安巡逻、门禁控制、停车场管理、访客对讲等若干个相对独立的小系统。

3. 火灾报警控制系统

该部分主要是要保证各个单体建筑物内部、各建筑物之间的火灾自动报警、消防联动与自动灭火等功能。这部分相对独立，但是在建筑专业绘制施工图工程中要考虑相关位置的预留，这部分最容易遗忘的就是预留空间不足或者无预留空间。

以上是作者对"智能建筑"的理解，智能建筑并不是说是其他专业尤其是电气专业的专项，其实"智能建筑"是要求每一个专业都要专心及细心地去研究。尤其作为龙头专业的建筑专业，要起到承上启下，相互连接的作用。作为一个建筑专业的从业者在实际工程中感触颇深。一个"智能建筑"到底其智能化有多高的程度，取决于其开发者的开发定位。同时也取决于一个建筑师的经验和细心程度，只有这两方面有机地结合在一起才能创造出真正意义上的"智能建筑"来。

对比国外"智能建筑"建筑的发展和趋势，我国的"智能建筑"还处于初级阶段。但是随着社会的发展和广大人民群众对智能化的要求的提高，我国的"智能建筑"设计领域有着光明的前景，同时我们建筑设计师对"智能建筑"的理解和国外还有着不小的差距，通过这篇文章的撰写，希望与广大的建筑师们共同努力，使我国的"智能建筑"早日与国际接轨。

第二节 建筑智能化与绿色建筑

随着社会的不断进步，国民生活水平的不断提高，人们对生活质量的追求越来越高。智能化建筑概念的不断普及，使越来越多的人更加青睐于新型的智能化建筑。智能化建筑通过系统联动，能有效节能降耗，达到绿色建筑的要求。本节讨论了建筑的原理、技术和系统集成，具体在结构以及建筑施工和运营的基本要求等方面做了相关的阐述。

目前我国城市不断扩建，土地资源紧张。现有的资源越来越跟不上人们消耗资源的步伐，不可再生资源的生产难以长久的满足日益增长的建筑消耗需求。为体现"可持续发展"和"和谐社会"的理念等符合社会发展和顺应时代潮流的理念，可以对现有土地资源升级改造，但是会占用大量的人力和财力。而对现有资源的智能化与绿色化利用比开发新的资源更加有效，旧的土地等资源若是得不到合理的使用，将会进一步破坏生态环境。在人们的思维层面上，建筑应该是以安全第一、舒适第二、健康第三，只有满足这三个要素，绿色建筑的理念才真正落到实处。绿色建筑一定要保障人们居住的舒适程度，但是不会以大量消耗现有资源为代价。它在资源的使用选用上有了很大的改观，例如传统的资源使用一般都是使用煤炭发电、火力发电，但是现代的资源使用一半能利用风能、太阳能或者是水力发电。这种在能源利用上的转变最大契合了人们要绿色化建筑的观念。例如开发新的节能设备取代原有的高耗能设备。

在建筑中加入智能化系统，使人们的居住环境更加方便、快捷、智能和绿色。建筑智能化与绿色建筑的发展前景非常美好，其中科技创新将在智能化与绿色建筑发展中有很大的提升空间。

一、绿色智能化建筑的概念

在传统建筑建造中，施工以及运行整个产业将会消耗地球上接近一半的水资源、能源和原材料资源，而建筑产业在温室效应方面也带来巨大的负面影响，同时它还会污染水，产生不可降解也不好二次利用的建筑垃圾，同时会产生一些对人体有害的气体。新型的绿色化建筑将会改变这种局面，新型绿色建筑在能源消耗、材料使用方面始终贯穿绿色理念。建筑智能化以信息技术为辅助，建筑技术和可持续发展为根本。现代社会发展中，不断涌现新技术、新的设备、新的系统，如公共安全管理系统，使人们的居住与办公环境更加舒适便捷和安全。同时环保、节能的理念也融入其中。

建筑智能化与绿色化在日常生活中随处可见。以绿色为理念，智能化为手段，在建筑中贯穿绿色智能化建筑这一个理念。以智能化技术为支撑点，运用新的安全系统，智能化系统以及自动化系统，使人们的居住和工作环境更加舒适和高效。只有人与建筑环境系统的相互协调，才有利于城市的可持续发展。

二、建筑智能化与绿色建筑的具体内容

（一）网络通信与多媒体技术

利用无线通信技术和多媒体技术，使数据、语音、图片等信息的传递更加高效。网络使用物理线路使人们在使用资源的时候能够达到资源共享以能够互相交流信息。通信的具体定义是人们借助和利用不同的信息媒介表达传送信息，在现代社会的发展中，电脑和手机都可以联网，联网后可以借助不同的软件向不同的对象传送信息，这正是通信技术在日常生活中的应用。多媒体技术是指运用电脑技术数字化图像、文字等信息，例如制作动画时利用的是图片合成技术，声音、文字以及影像的结合。将这些元素整合在一个可以互相传播的界面上，具体在电脑上，这样电脑就成为了一个可以展示不同信息媒体的工具。人们获取信息的方式与传统的文字书写，寄信的方式有所区别，这正是信息时代人们在获取信息方面的巨大转变。多媒体技术的这些优点，使得它在信息管理、学校教育，建筑技术方面甚至家庭生活与娱乐方式等领域方面得到普及和使用。

网络通信技术在建筑技术方面的使用正是智能化建筑的理念，多媒体技术使人在建筑中的居住和办公更加舒适便捷高效。

（二）图像显示与视频监控技术

图像显示技术在建筑智能化与绿色建筑方面的使用有，传统方面是阴极射线管（CRT）是使用最早且最为广泛的一种显示技术。它的优点为成本低，清晰度、色度均匀丰富等，且人们在 CRT 使用方面的技术已经很成熟。现在白炽灯已经逐渐被人们所淘汰了，发光二极管显示屏（LED）即 LED 灯取代了它。因为在相同的光长下，它更能省电，这一点恰好符合环保又为人们节省了在电能方面的消耗。LED 灯美名曰绿色光源，在信号灯、车内灯、液晶显示屏等方面都有着广泛的应用。

（三）IC 卡与系统集成技术

在日常生活中，上班族们已不再使用纸片打卡，而是改成了 IC 打卡。人们消费时，不再是使用纸币付款，而是改成了刷卡支付，或者说更进一步变成了支付宝或者微信支付。这都是智能化技术在人们生活中普遍使用的案例。一卡通取代了传统的纸笔记录方式，在全国范围内普及使用 IC 卡技术，将节省大量纸张，同时保护大量的森林资源。这正是绿色环保的理念。

集合现有的信息，更加高效的管理信息还有分享信息，这是一个新的信息管理系统。全面综合化管理各类资源，使各类信息资源更加便捷高效的使用和管理。办公人员在管理信息的时候能够借助系统，使用视频、网络等工具，实现对系统的高效管理。同时警察在办案的时候能够实现信息交流，使得信息能够在全国范围内流通，多地警方互相协助便于抓到罪犯。

三、绿色智能化建筑体系的结构

（一）艺术与建筑的相互结合

美丽的建筑，能够给人们带来美的体验，从而使人身心愉悦。但若只有美这一个优点，没有什么大的用途，那美观的建筑只是一个外表。艺术建筑具有抽象性，建筑能够反映一些社会生活，但它是很普通的，不可能像别的意识形态一样有悲剧式、颓废式、喜剧式、漫画式的。它总是平平常常的，不会有过分激烈的情感，但是它就是在那里，潜移默化的给人一种美的体验。长城在现代是世界性遗产，是中华民族的骄傲，但是在古代，它是长期战争的产物，它只是一个工具。综上所述，建筑具有某种象征性。

（二）绿色设计理念与建筑的融合

在建筑的内部和外部同时落实绿色化的理念。土地的利用方面应计划性利用，不能无节制地利用，因为土地资源是不可再生的，一旦被使用为建筑用地，若需要再次使用，只能摧毁原有的建筑，在原有地基的基础上使用。所以在开发新土地时，一定要计划使用。在建筑中使用对人体有害的气体或物质建筑材料的使用方面，做到少用甚至杜绝使用。在室内多使用天然植物如绿色植物和鲜花等，可使室内在更加美观的同时调节室内湿度，因为绿色建筑的呼吸作用能够过滤室内气体。

全球气候变暖，海平面的不断升高，全球现有陆地面积不断减少。在这种情况下，更要节省土地资源，人们总是误以为现代化建筑很贵，只有高消费人群才可以负担起，其实不然，只是现在的楼盘销售，利用绿色建筑为亮点，将建筑的售价提高，使人们形成一个错误的观念，绿色建筑就是高档建筑。绿色建筑是一个广泛的概念，但是并不是贵。

四、绿色智能化建筑落实的核心

（一）绿色建筑智能化设计和施工是落实过程中的核心

设计智能化管理系统，在用电用水方面，可以统计各种数据以及分析各种数据，例如现有的技术可以根据用水量的多少制定不同的水价，达到潜在提醒人们节约用水的目的。在光源的利用方面，室内建造应进行智能化设计，尽可能利用天然光源，这样可以减少电源的能耗。用节能的设备代替高耗能的设备，设计利用相应的设备使得太阳能能够更加高效的使用转换为其他形式的能量，可以在家家户户推广应用。特别是在风大的地区要利用好风能发电，而在河流多的地方，利用水源，利用可再生资源实现资源的转化利用。

火灾自动报警系统和视频监控系统能在面对危害社会安全的突发事件时，快速疏散人群，同时尽最大可能确保建筑内人员的财产与生命安全。

（二）高效运营管理的要点

运营管理中的资源管理主要是节能节水的管理，实现每家每户分类统计自来水、废水，合理地制定收费标准。绿化方面的运营主要是协助物业的管理，使物业能够检测环境和小区内的各个角落，当发现异常时，能够及时采取相应的应对策略，同时使居民生活在一个美观、和谐、自然与城市和谐发展的生态系统之中。综上所述，运营和管理的要点有绿化、网络、材料、资源、废物等方面的综合管理。

人们对生活质量的要求越来越高，建筑应渗透绿色化与智能化的建筑理念，同时节能环保，给大众全新的居住和生活体验。

第三节　建筑智能化存在的问题及解决方法

随着科技的不断进步，人们的生活水平也逐步提升，信息和智能化技术的应用，可以大幅度地提高建筑物的使用效率和舒适度。设计建设出具有智能化功能的符合当今这个时代的建筑，是建筑行业的一个新课题。目前我国建筑的智能化设计及建造过程中还存在诸多问题，需要不断完善。

一、建筑智能化技术应用中存在的问题

随着建筑行业的迅猛发展，智能化技术得到广泛的应用，但随之也出现了一些问题。如智能化整体水平较低、自动化缺少创新、相关人才的缺失及设计中缺乏相关技术的应用与落实。

（一）智能化整体水平较低

与其他科技强国相比，我国信息化技术起步较晚，所以建筑设计的智能化发展较为缓慢。目前，我国在智能化技术积累及人才培养方面较为欠缺，在施工和设计中的经验较少，无法将信息化技术合理地运用到建筑设计中。因此，建筑智能化整体水平较低。

（二）自动化技术缺乏创新

任何技术都需要通过不断的创新和优化实现技术迭代。我国建筑智能化技术起步较晚，主要借鉴国外成熟技术，自主创新较少，但我国的国情与其他国家不同，部分技术在实际应用中会出现水土不服的问题，因此，需要不断开发适合我国国情的信息自动化技术。自动化是智能化的一种表现形式。只有使自动化创新达到较高的水准和要求，才能够促进智能化发展。

（三）缺乏高水平的专业技术

虽然智能化技术已经在我国工程建筑领域中得到了广泛应用，但是人们并没有全面掌握智能化技术的实践经验和理论知识，在核心技术方面，还要借鉴和引进国外的先进技术。另外，我国建筑智能化施工水平不高的主要原因是缺乏成熟的施工计划方案，没有制订完善的施工管理机制，无法充分利用建筑智能化技术的优势。而建筑智能化工程涉及的技术层面较为广泛，建筑施工人员的知识水平达不到建筑智能化工程的要求，严重影响建筑智能化工程的顺利开展。

二、建筑智能化中相关问题的改进方案

目前，对于建筑智能化相关问题的改进方案主要有：普及智能化应用、敢于进行创新、重视人才的培养及重视智能化技术的全面落实。

（一）在新建筑设计中普及智能化应用

智能化系统的发展离不开长期的应用和实践，人们应该在新的建筑物中，推广相关技术的应用，为后面的发展积累数据和经验，促进智能化技术应用的普及和发展，逐步推进我国智能化建筑施工的应用。

（二）要敢于进行创新

我国智能建筑行业整体发展起步较晚，在技术方面落后于国外发达国家，但是也有相应的后发优势。可根据我国的国情和建筑设计的特点，有针对性地开发一些具有中国特色的智能化系统，实现对于智能化技术的创新，提高用户的感知度和接受度。

（三）重视相关人才的培养

智能化技术的发展需要专业技术人才的支持，因此，应该重视对专业人才的培养。尤其要培养具有信息化技术和建筑专业的人才，保证智能化建筑既能符合建筑物本身的要求和规范，又具有智能化的特点。也要重视提高基层施工人员的素养，确保设计方案能够落到实处。

（四）重视智能化技术的全面落实

当前智能技术在建筑业已经得到全面的发展，如现场施工中智能建筑系统涉及的智能消防、建筑节能等方面。在未来发展中人们还应该强化智能技术在建筑体系中的应用，可通过科学的设计提高建筑物的智能水平。

三、建筑智能化的具体应用场景

（一）出入控制系统智能化改进

建筑物出入控制系统设计是非常基础的设计，可以对其进行智能化升级。现在的出入控制系统是通过控制器、读卡器、出入按钮等设施进行人员进出的管理，可以对其进行智能化改造及升级，如通过人脸识别系统、指纹系统来确定进出人员的身份，将相关数据传输到网络中心进行存档并且能对可疑人员进行识别，提高整个建筑物的安全水平。

（二）建筑照明系统的智能化改进

照明用电的能耗是建筑能耗的主体，可以通过智能化技术对整个建筑物的照明系统进行智能调节，以降低整个建筑物的能源消耗。可通过磁力调节和电子感应技术，对建筑物内居民的用电情况进行监测。然后根据室内人员的活动情况，对相应区域进行合理优化，有利于延长设备寿命，实现有效节能。

（三）在建筑节能方面的智能化改进

除了文章提到的照明系统之外，水循环系统、建筑物通风系统、建筑物内的电梯等，各种系统都可以通过智能化改造来加强其使用效率，通过对使用者的监控来实现合理的资源分配，以达到降低整个建筑物能耗的目的。

信息化和智能化技术的发展推动了我国建筑智能化的进程，但与发达国家还存在的一定的差距。正是因为存在差距，我国的智能化建筑拥有更大的发展空间。因此，应该重视智能技术的应用，注重相关人才的培养，促使智能化技术能够在建筑行业当中发挥其应有的作用，提高建筑物的安全性、舒适性和环保性，以促进我国建筑行业的可持续发展。

第四节 谈建筑智能化之路

说起智能，现在很潮。似乎所有的产品都可以贯以"智能"的称号，至于它智在哪里，是否真智？是否所有能执行命令的机器都是"智能"呢？其实大多数所谓的"智能"我不认为是真正意义上的智能。在我们身边，其实自然界中有很多智能的现象，宇宙中的天体效应、地球的重力感应、磁石的磁铁感应等等，这些就是最原始也最具前景的自然界智能现象。从一定意义上来说，我认为建筑智能化真的不一定要全部押注在信息化合物联化等设备管理上。

一、传统建筑的智能措施

中国建筑史源远流长，传统建筑中也有很多有价值的智能措施。古代建城造园，从单体选型到群落组合及门窗开向、屋面选色等都直接影响着建筑的主动节能。回到本质，建筑智能化的目的是为人类提供更舒适更健康的人性化生活及生产空间。如结合传统四合院，从宏观上来讲，整个院落都依山傍水，其间种植花草树木，不仅增加了空气温度、湿度，还增添了不少乐趣。而单体建设遵循坐北朝南的原则，这种做法争取了更多的日照，而采用深色瓦屋面更能吸收更多的辐射热。顺应主导风向开窗，则更增加了室内通风，同时也避开了冬季主导寒流。竣工后再在梁柱间施以红蓝相间的彩绘，不仅增加了文化氛围，更给业主带来了愉悦的心理感受。这些就是建筑用语言在阐述着以人为本、住户至上的原生智能。现今采用诸多科技手段：增加中央空调恒温加湿、暖气、背景音乐，不都是为了更加舒适，舒缓人心吗？但古人利用面向赤道建房采暖，利用万有引力组织雨流，利用地热资源治疗疾病，利用建筑美感净化心灵，是不是无形中的智能呢？这些都是最原始也是最有研究价值和前景的智能化，是建筑智能化利用的初级阶段。

二、现代建筑对智能的发展利用

在欧美，智能化建筑自21世纪以来得到了快速发展，已经独立成了一个独立的行业。而当代都市化、城镇化之路更将人和建筑都塞进了拥挤的城市空间，从上级建设主管机关伊始，具体到各地建设公司包括从业负责人，一致认定在当代建筑设计中，智能化系统在建筑中的应用是大势所趋的。目前最全面的建筑智能基本要求是：应具有完整的控制、管理、维护和通信设施，以便安全管理、环境控制、监视报警。总而言之，智能化建筑应实现设备方面自动化，通信方面高性能化，建筑本身柔性化。由于采用了服务化的管理，智能建筑已经可提供优越的生存条件和较高效的工作效率。空调恒温和标准照度加上绿色清静的人造环境让人感到舒适。总结起来，和普通的传统建筑相比，智能化建筑具备了以下特性。

①具备了良好的接收和反应信息的能力，提高了人们的工效。②提高了建筑本身的安全舒适和便捷性，节能效果良好。③各类设备的有效控制，提的环境舒适性的同时，节能效果也很明显，可达 15% 至 20% 左右。一方面可以降低机电设备的成本，另一方面则因为系统使用了高度集成，所以，操作和管理也高度集中，进而人工成本也能降到最低。

而令人遗憾，目前国内 95% 的建筑都是高效能建筑，这些矗立在"水泥森林"中的大型建筑，每年都在消耗大量的能源。可见，粗放式能源管理的方式已经不能适应低碳社会的发展要求了。

但建筑局限于配套设备方面，不足以实现真正的智能化。我认为可以从本身以及配套设备四个方面深化。

①建筑自身结构要符合智能化。譬如小开间设计，可分可并。而楼板跨度设计也必须是开放的大跨度建筑结构，这样就可允许业主迅速方便地改变其使用功能，或者根据需要临时布置平面布局。比如开间设计为活动式的隔断，甚至楼板也能活动，大空间的可以分为小工位的隔间，每个工位处的楼板由简单的小块板拼成，这样，开间和隔墙的布置就可以随着需要灵活变更。②综合布线也应作变跳考虑，就可快速改变插座功能。通信与电力的供应设计也应该有很大的灵活性，这样，通过结构化的综合布线系统，就可以在室内分布多种标准的弱电与强电插座，紧急时只需改变接线，就能改变插座的功能。远程控制电话接口也能变为通信接口。③当下很多中央空调并不符合卫生标准，以至于通风成为传播疾病的媒介之一。国外把这类引起精神萎靡不振，甚至频繁生病的大楼称之为"sick Building Syndrome"大厦。但是智能化最重要的是要确保使用者的安全和健康，因此防火与保安系统等的智能化便首当其冲，面对火灾和非法入侵等时可及时发出警报，采取有效措施及时制止蔓延。未来在空调系统中装设能监测出空气有害污染物含量的设备，启动自动消毒，使之成为"安全健康大厦"。同时，智能对于温度湿度以及照度均应自动调节、控制噪声，从而使人心情舒畅，提高品质。④通过利用远程通信系统，使办公自动化系统从信息孤立的建筑物变成为广域网的一个接点。远近通讯配合，使用户通过身边的电话机，就可以控制给定值的变更以及测试值的确认、运行状态的通知等。从而使接在办公自动化的区域网络上的个人电脑、工作站获得建筑物管理信息，使预约管理系统与空调运行结合起来实现联动。甚至还可使建筑物的管理系统收集到与办公自动化相匹配的财务管理。

三、未来建筑的智能方向

智能化建筑正在随着科学技术的进步而逐渐发展和充实。电脑的数字通信技术和图形显示技术的进步，正在推动着建筑在智能化方面的飞速发展。或许可以推测，在不远的未来，智能化主要依托几方面来逐步实现。

①预测灾害及高效利用建筑面积。建筑基础底面可装设特定仪器设备，感知未来几天或者几百里外的地震信息，主要是和天气预测及地震预测信息发部部门端口相对接，在基础上装设可移动支座，在灾害来临时允许有适当位移而保证建筑不至于倒塌。这类技术在日本已有初步研究。室内设计为可移动式墙体，通过运动感应来调节两个空间的大小以适应因面积过小而影响使用的空间，墙面设计为嵌入式家电及吊顶的可变换使用等。②主动能源节约。弱电感应、节水、节电等传统手段应越来越成熟，建筑从现在的被动式节能逐渐走向主动式节能。比如在水龙头内安装高灵敏度的传感器，在电价分时收费的地区安装特斯拉电池组一类的自动低价时段蓄能设施，高度整合高效能的温控，资源管理系统；建筑材料根据季节变换时自动调节导热及色差，太阳能和风能的转换技术应用到民用建筑中等等。③建筑的自我学习。建筑内的设备应有记忆功能，记录住户的生活习惯数据。通过记忆，调整资源分配或信道开关，以减少等待时间，提升居住体验等。建筑还可通过人物活动习惯顺序先后及生理特征识别，发现是盗窃等事故时，快速通过互联信息告知主人或物管公司等。④主动减低噪音及建筑美感带来的心情愉悦。城市噪音一直是市民最烦恼的问题，是使人患上神经来疾病的源头之一。是否能像蝙蝠的超声波那样，把噪音通过吸收及反射，从而创造一个宁静祥和的居住空间值得探讨。建筑美虽然看起来和智能化毫不相干，但人类是情感动物，外在视觉的感触是影响内在情绪的主要原因，有的场面会给人带来震撼，有的场面会给人带来哀伤，有的色彩给人兴奋，也有的色彩给人和谐。

人类文明和科技的与时俱进，建筑智能化在未来会大有可观而且是必然趋势。在自然极端环境越来越频发的未来，洪水、火灾不在威胁到人类，地震、风雪不在摧残我们的家园。取而代之的是，更灵敏的传感器、更大范围的动作端，更高效的资源调控机制，更多的顺应自然、适应自然。相信建筑会真正的走向智能化，人与建筑在不远的未来将与人类和谐共生。

第五节　建筑智能化与建筑节能

在社会快速发展期间，对于建筑的需求也在不断上升。智能技术的快速发展，出现了一大批智能建筑。国家及地区政府部门对于智能建筑的关注度不断提升，并且联合实际发展需求，制定满足建筑发展的政策法规。智能建筑发展期间，也存在较多问题，因此必须提出相应措施解决现存问题，希望能够对相关人员起到参考性价值。

智能建筑是随着信息技术与科技技术发展而衍生的新型技术。相比于传统建筑来说，智能建筑具备多种优势特点。按照当前学者的研究报道，建筑节能技术的应用效果已经成为热点研究话题，并且提出了相应的技术要求，希望能够全面应用建筑节能技术，全面满足人们对于现代化建筑的需求。

一、建筑智能化与建筑节能的现状分析

随着我国建筑行业的快速发展，城市化发展过程中，相应突出了建筑行业的发展地位。然而由于能源消耗问题日益严峻，导致建筑工程能源消耗问题也比较严重。在建筑行业发展期间，能源节约已经成为重要课题。按照相关学者的统计数据能够看出，建筑行业的人员消耗占据社会总消耗量的30%，并且没有充分发挥出人员的实际作用，从而导致能源资源浪费情况比较严重，导致该种现象的原因主要包括一些方面：第一，建筑智能化发展过程中，工程人员的思想理念比较落后，所采用的施工技术也不先进。在具体施工建设期间也没有做好监督与管理工作，从而导致能源资源浪费问题日益严重。第二，通过分析建筑行业发展现状能够看出，多数建筑人员缺乏节能意识，在施工建设期间，会由于追赶施工工期，而不注重绿色节能问题，从而导致资源浪费率升高。

二、建筑智能化与建筑节能的特点分析

通过分析和研究建筑智能技术与建筑节能能够看出，其所具备的特点主要包括以下方面；第一，高度结合的系统。智能化建筑中，可以采用计算机网络技术，优化集合不同子系统的功能信息，将其纳入到统一关联系统中，以满足人们对于智能建筑的需求，并且展现出传统建筑与智能建筑之间的区别。第二，节能减排效应。相比于传统建筑来说，智能建筑主要通过自然风和自然光，对建筑室内光线和温度进行调节，来满足人们对于建筑光线与温度的需求，实现节能减排效果。第三，降低维修系统成本。通过相关学者的研究能够看出，建筑在运营维护阶段，所需要花费的成本明显高于建筑施工阶段。对于智能建筑来说，智能技术多应用自然风与太阳光实现通暖效果，有助于降低建设成本，且应用智能建筑技术后，还能够降低环境污染程度。

三、智能化技术在建筑节能中的应用

（一）建筑自动化控制应用

当前，电气工程施工建设已经成为建筑工程的重要环节。传统建筑施工方案中，比较关注工程主体施工，忽略了电气工程施工的重要性。自动化控制涉及较多控制内容，其中以神经网络控制为主。该控制方式能够多次反复学习运算，通过子系统，可以对转子速度与其他参数进行调节。神经网络控制也应用到信号处理中，部分控制设备可以代替PID控制器，实现相互协作方式。

（二）在建筑电气故障中的应用

当前所应用的智能化技术，能够有效作用于突发情况处理中。不管是运行流程，还是

操作方式，都可以为电气设备提供参考价值，以此找寻出最佳处理措施。在电网系统现代化发展过程中，对于电气工程故障诊断的要求也不断提升，如果不能在短时间内寻找问题根源，将会导致后续应用存在较多问题。当前，人工智能已经被作为故障诊断方法，并且联合 ANN、ES 技术，按照长期经验总结，可以将理论知识更好地应用到实践中。

（三）电气优化设计中的应用

建筑电气自动化与管理应用实践中，涉及设计工序，整个设计过程的复杂性比较高。设计人员应当具备扎实的电气知识和磁力知识，在具体应用期间，通过知识技能可以不断提升运行效益。基于智能化模式，设计建筑电气工程时，应当结合专业理论知识和积累经验，对设计内容和方法进行优化。在智能化技术支持下，通过计算机辅助软件能够明显缩短设计时间，确保设计方案的科学性和合理性。

（四）火灾报警系统

现阶段，大部分智能建筑的楼层比较高，且依赖于电子设备运行。电子设备运行期间会产生热源，再加上不同设备的信号干扰问题，极易引发火灾，安全隐患比较大。鉴于此。在施工建设期间，应当安装火灾报警系统，并且联合灭火系统、火灾监测系统、自动报警系统，建成一体化安防体系。同时，工程人员应当严格控制工程质量，能够在火灾隐患发生时及时做出相关警示，以降低故障安全隐患的影响程度。

（五）智能照明系统

照明系统控制具备自动化特点，遥控开关能够对照明灯具的亮度进行自动调节。在大空间顶部安装接收器，利用遥控器能够对照明系统进行控制。照明系统的控制设备还包含开关灯同步门锁功能和红外传感器功能。多数建筑照明系统都采用人工照明方式，并且包含建筑自动喷淋系统、回 / 送风口、烟雾探测器等。基于电子控制的照明系统已经被广泛应用到智能建筑中，且开始应用非中心化照明系统以实现绿色环保要求。

（六）能耗计量

在建筑智能化发展过程中，研发出建筑能耗计量系统，能够对建筑内安装分类与分项能耗进行计量，采集建筑能耗数据，在线监测建筑能耗，并且实现实时动态分析。分类能耗是按照建筑能源种类所划分的能耗数据，包括电、气、水数据等，所应用的分类能耗计量装置为热量表、燃气表、水表以及电表等，分项能耗是按照不同能源的用途划分、采集和整理能耗数据。包括空调能耗、照明能耗、动力能耗以及特殊能耗等。

四、建筑智能化技术与建筑节能的发展措施

（一）提升资金投入力度

建筑智能化发展期间，企业会受到资金限制影响，影响建筑智能化技术和建筑节能的发展。因此对于智能建筑节能技术发展实际，国家和政府应当制定满足建筑行业发展的制度规范，提供合理有效的发展环境。建筑施工企业应当在现代发展趋势下，响应国家号召，注重智能化技术与节能技术的投入，并且注重新技术的研发。此外，在施工建设期间，还应当寻找科学的管理措施，在具体施工中应用智能化技术，不断提升企业的市场竞争实力，有助于促进企业可持续发展。

（二）注重节能环保理念宣传

对于施工企业来说，既要提升建筑智能技术与节能技术的资金投入力度，还应当宣传节能意识，确保所有工程人员都能够具备节能思想，将其落实到具体施工中。只有确保员工内心具备节能环保意识，才可以具体到实际建设行为中。

（三）推广应用新能源

各行业领域在发展期间，都会消耗能源和资源。由于建筑行业是能源消耗比较大的行业，且能应用的能源比较单一。因此对于建筑行业来说，应当满足时代发展要求，科学合理的应用新能源。这样既可以降低能源与资源消耗，还能够完成项目施工对于节能技术的需求。北方地区供暖季节中，可以降低煤炭资源的消耗量，多应用地热能源，吸收土壤能源，将其转化为热能，这样即可以降低能源消耗，还不会对环境造成污染影响。地热能源是可再生资源，能够多次反复应用。

（四）推广应用环保材料

相比于传统建筑来说，智能建筑在施工建设期间能够减少建筑材料的使用量，降低能源与资源消耗。由于能源问题已经成为社会发展的重要问题，施工企业必须将现代节能技术应用到具体施工中，通过应用新型环保型材料，可以将传统施工技术逐渐转化为智能技术，这样可以促进建筑智能化发展。比如在具体施工时间，可以应用外墙保温苯板，其不仅具备良好的抗压性能和耐冲击性能，并且保温效果良好，因此被广泛应用到智能建筑施工过程中。

综上所述，此次研究通过分析建筑智能化与建筑节能，针对技术能力问题、设备使用问题以及管理水平问题，提出相应的解决措施，包括提升资金投入力度、注重节能环保理念宣传、推广应用新能源以及推广应用环保材料，这样能够提升建筑智能化与节能化水平，有助于推动整个建筑行业的长久稳定发展。

第六节 建筑智能化系统的结构和集成

随着生产力的快速发展，我国国民经济发展速度逐渐加快，建筑行业朝着更加智能化和科技化的方向发展。21 世纪，智能化的建筑系统是现代信息社会发展的必然趋势。建筑智能化不仅可以提高社会生产力，而且可以改变人们的生活方式。因此，智能化的建筑对传统建筑的发展提出了更高的要求。因此，在此基础上分析我国智能化建筑的结构和集成系统，希望可以促进我国现代建筑行业的良好发展。

随着信息时代的全面到来，现代信息技术逐渐融入建筑当中，智能建筑是未来发展的必然趋势。在新时代的经济发展中，社会整体上朝着更加信息化、智能化的方向发展迈进，其中，智能化的主旨是为了向人类提供更人性化的服务，最大限度地利用社会上的资源。建筑智能化的系统是通过一种集成的方式，将各个子系统在总系统的支配下统一协调地开展工作，在同一个目标中，又把各个子系统利用一定的方式和技术有机地关联起来。在此过程中，信息媒介发挥着重要的作用，整个系统的集成和其他工作的开展都是通过计算机网络进行的。我国科学技术的进步，对建设智能化的系统给予了巨大的支持。智能化建筑的出现，在很大程度上改变了以往的居住方式，为人类带来新的体验和感受，让居民的生活更舒适。

一、建筑智能化系统的结构

（一）办公自动化系统

办公自动化管理系统是我国建筑智能化系统的重要组成部分，主要包括卫星设备、有线电视设备、预备预警装置和广播系统等，属于建筑内外联系的智能系统。办公自动化系统的核心目的是为了让企业内部的工作人员方便沟通和交流，有效地进行信息共享，高效率地进行办公。办公系统自动化中，重点包括三个形式：管理型、决策型和办公事物型。不同的服务系统，满足在企业中的不同需求，提供人性化的服务，更能显现智能化建筑的魅力。

（二）楼宇自动化系统

在智能化建筑系统中，这项系统中的主要功能是自动监控系统。目前，在各个建筑行业中基本上都设有监控系统，主要是为了保障居住人员的人身安全以及财务安全，监控的普及是智能化建筑中的重要部分，一是可以实现对较大楼房内各类机电设备的管理和控制。二是通过对外界环境的变化的感知，可以实现自动对设备的调节，使其在运行的过程中具有较好的工作状态。

（三）消防自动化系统

消防自动化系统可以及时预警建筑中发生的火灾事故，是在防火灾的基础原理上建立起来的。实践证明，消防自动化系统可以及时发现烟雾和火灾等实施自动化报警处置。为了防止火灾等其他危害的发生，在建筑建设的过程中会设有警报系统，进一步提高建筑的安全性。另外，在安全防范系统中主要含有入侵警报系统、视频监控、出入口监控、地下车库管理等，其设置的主要的目的是缩减刑事犯罪等的发生。

（四）安保自动化系统

在这个系统中主要包括：一是防盗警报系统。在建筑内设置探测器系统，可以在发生入侵时发出警报声，并和照明同步进行。二是可燃气体警报系统，可以实现对有害气体，如煤气等漏气现象的检测，以及对漏水、漏电的检测。三是电子巡逻报警系统，主要使用的是红外线入侵设备和地音探测设备等。四是门禁控制系统，最新的门禁系统主要有刷卡进门、手动按钮开门等。

二、建筑智能化系统集成

（一）系统集成的内容

在相关规定中清晰地指出，智能化建筑系统集成的定义是指在智能化的建筑中，把具有不同功能的各个子系统通过一定的技术和手段，在物理上、逻辑上、功能上链接起来，从而可以实现资源和信息的共享。在智能化建筑系统集成中，是用最具有优化意义的统筹设计给用户带来更人性化的服务和使用环境。为用户提供更完整的智能化服务系统，满足广大用户的各项需求，最大限度地提升系统集成后的各项功能的附加值，为用户带来不一样的科技体验。

（二）系统集成的主要特点

（1）整体性和多样性。智能化的建筑中系统集成包括智能化系统中的各个子系统部分：办公智能化、通讯自动化、楼房控制自动化、消防警报、监控、通信设备等系统。系统的集成不是这些部分的简单堆积和累加，是需要技术的运用科学合理地进行集成和累积，因此，要重视其技术的运用。智能化建筑系统集成中的整体性主要体现在对整个系统中子系统间的信息传递、共享和管理层面的支持，从而使各个子系统可以满足智能化建筑中的各项要求。

（2）安全可靠性和管理智能化。智能化建筑存在的根本目的是为了维护建筑的安全与稳定。智能建筑要想稳定运行应当建立在系统集成的基础上，促进共享信息的安全性。同时，建筑系统集成具备智能化管理的特点，其实，建筑系统集成就是一种网络的智能化。在实际的运行中，智能化网络同样是建立在工业的标准之上的智能化的集成系统，可以在一定程度上保障资源在整个智能系统中的共享，从而强化对现代建筑的管理。

（3）适应性和扩展性。建筑智能化的系统中需要不断地更新和升级，以此来保障建筑系统的稳定运营。因此，系统的集成必须要具备较强的扩展能力，来满足系统的升级和更新。这主要是指在对系统的端部的数量、网络宽带和类型、延时等要求增强的同时，还需要在现有的系统设置中增加新的设置，并且革新技术水平，改善硬件的环境。这个环节中要注意在不改动用户软件的基础上与原设备进行链接。

三、建筑智能化系统集成的实现

（一）设备集成

在建筑智能化系统中，设备集成主要是在根据用户要求的基础上，对所使用的各种各样的产品进行具体的使用。在此所使用的集成方法，重点使用在各个分支系统构建的过程汇总。比如，在组建安保系统时，可以挑选一些厂家，分别购买一些探测器、摄像头、主机、监视显示屏等设备，再组装到一起。

（二）技术集成

技术集成主要是指在系统集成的过程中，使用当下最先进的信息技术以及手段，达到系统集成的动能要求，同时，也可以满足建筑行业的要求。一些厂家为了保证在市场中的地位并扩大市场占有额度，需要对所使用的技术进行创新，对设备进行更新换代。但是，大部分的厂商只是在局部进行创新，更多的是保护他们所使用的已有技术。一方面，这些厂商希望在市场中占据领先的位置；另一方面为了满足用户的需要，重视对技术的升级和扩展。

（三）功能集成

功能集成是以用户实际应用和发展需求为出发点，站在功能的层面上进行科学合理的调配，使其可以有效发挥其功能价值和作用，使智能化建筑系统的功能发挥到最大。功能集成不是要突出使用了多少先进的技术和设置，重点是要彰显在整个系统运作中，是以何种状态和功能展开的运行。因此，在功能集成上，要考虑得更加全面，确保在达到功能的标准下，实现低造价，追求对用户投资的保护。

综上所述，在新时代和经济全球化的背景下，随着我国经济的快速发展，建筑规模逐渐扩大，人们愈加重视居住的环境和质量。智能化建筑在全世界的国家中得到了较快地推动和建设，尤其是一些西方发达国家，在建筑行业中更加重视其智能化的发展。对于建筑智能化系统需要的技术，相关人员必须要有深刻的理解，充分把握其核心的技术，促进建筑智能化系统的快速发展，不断提高人们居住的舒适性、安全性。

第七节　建筑智能化弱电的系统管理

在科技越来越发达的今天，智能化高科技频出新高，甚至慢慢地融入了建筑行业当中。建筑智能化已经逐渐地被人们所了解与认知，建筑行业的标准已经不再是当初那样，依靠机械的操作与简单人力物力的投入就能达到的了，建筑智能化正在逐步取代传统的建筑手段。在建筑手段更替的过程中，建筑智能化的弱电施工管理已然成为典型代表之一，弱电施工管理的发展，有极大的可能会影响到未来建筑业的发展方向。

一、建筑智能化弱电施工管理的目标分析

关于建筑电气施工质量的控制，对于建筑的单位而言，起着最关键决定性作用的就是弱电施工管理的目标设定。目标的设定对于任何事件的完成都是极其关键的，万事开头难。因此，在建筑电气工程中，工作人员应当将建筑智能化弱电有效应用到建筑当中，并在此基础上，通过分析电气电力的工作方式，推动电力电气，以及建筑行业的整体水平的不断提升，完善。

二、建筑智能化弱电施工设计

（一）注重设计结构

硬性施工设计的一大重要因素就结构设计。通常来说，由于技术、经济、时间等因素，会影响到智能化系统工程，所以按照严格的要求来说，在施工过程中，工作人员被要求充分考虑到各种因素对施工效果的影响，对于各个方面的影响因素要进行合理分配，并且综合考虑其使用功能、管理工作和经营要求，从而有效提升建筑设计系统集成程度。

（二）先进技术的应用

先进技术的有效应用，能够明显的提高建筑智能化弱电施工的结果，所以说在建筑智能工程设计过程中，应该去选择对先进的智能化技术、产业技术、IT 技术能够熟练掌握与运用的人才，在此基础上才能持续提升施工设计的水平。除此之外，由于只能一次性成功的特性，智能建筑施工设计工程的场地不可以多次变动，校正更新；此外，由于受工程周期和进度的限制，建筑智能化弱电施工约束则更为明显。为了避免这一系列问题，最好的办法就是选择高端的技术设备，辅助施工的顺利进行。

（三）设备的合理选择

任何工作的顺利进行，都离不开一个良好的应用设备，弱电施工也不例外。众所周知，

任何设备都有着其特性，并且相同的设备在不同的施工中也会起到不同的作用，因此设备的选择就非常具有技巧性与原则性。对设备的选择，很大程度上会影响到以后的施工效果，因此对于设备的选择要极其认真，以确保后续的施工效率与质量。

（四）弱电线路的合理设计

为了能够有效地提升建筑智能化弱电施工设计的可靠性，当前需要做的就是对弱电线路进行更加合理的设计。环形总线接法是较为可靠的连接方式之一，可以做到适当增加回路是这一方法应用的主要效果。通过这一效果，则能对于单回路设备接入数量进行良好的控制。产品质量和现场因素对于弱电施工过程具有较大影响，这是工作人员在施工规程中应当注意到的问题。除此之外，在弱电线路的设计过程中，不仅要对各个线路进行清楚地掌控，还要对于实际的线路铺设有较为深刻的理解，这就要求工作人员的实际与理论完美的应用到一起，切不可纸上谈兵。

（五）技术性要求

建筑智能化已呈现出风起云涌的姿态，它的发展已取得了很多成果，随着智能化建筑需求的提高，智能化建筑必须提高技术水平，运用建筑智能化高新技术，探寻人生存、生产和环境间的可持续发展模式，打造更好的产品。当前智能化建筑利用的技术是建筑技术、计算机技术、网络通信技术和自动化技术的结合。现在的信息网络技术、控制网络技术、智能卡技术、可视化技术、家庭智能化技术、无线局域网技术、数据卫星通信技术、双向电视传输技术等，都将会被更加深入广泛地发展应用。但是，智能化技术只是手段，可持续发展技术才是智能建筑技术发展的长远方向。所以，除了继续利用上述现有智能化高技术，一些新兴的环保生态学、生物工程学、生物电了学、生物气候学、新材料学等技术，也在渗透到建筑智能化技术领域中，保证可持续发展智能建筑技术的运用。

三、建筑智能化弱电施工管理的重难点分析

（一）弱电综合布线系统管理

做好弱电综合布线系统，就是做好建筑智能化弱电施工的一大重要环节。模块化结构在智能建筑工程中，可以说是应用的相当普遍。模拟输入模块（AI）、数字输入模块（DI）、高保安输入模块（LSSI）、模拟输出模块（A0）、数字输出模块（D0），都是建筑智能化弱电施工管理应用较多的模块。而且在施工过程中，要对各个模块的工作程序有良好的了解并且清楚各个模块之间的配合工作。所以在如此的基础上，必须做到通过各个模块反映给总的控制系统的数据，对整个工程进行宏观的调控，从而提高工程的效率与线路布局的整体性。

（二）弱电安全施工管理

警系统常采用的结构设计，是报警系统总线控制法。这些报警系统的安装与设计，通常会在消防中心或者是防控中心，以增加安全程度，一旦有危险发生，消防中心可以及时清楚险情，以便救援工作的展开。一旦建筑物中有危险发生，计算机的显示屏便可以清楚地显示，与此同时发出报警的声音与特殊光亮。消防人员可以通过本系统清楚地知道危险发生地，以及当时的情况等等信息，为救援工作提供了极大便利。同时电子地图也在本系统中得到应用，可以根据此进行操作，利用管理软件发出警报。这样一来，即便出现重大险情，工作人员也可以通过本系统提供的特殊便利，通过各种有效信息在第一时间对险情做出控制行动，出动人员针对险情的主要原因进行排除与清理，极大地缩减了了救援成本与建筑内的资源损失。

建筑智能化弱电施工，是智能化建筑施工的代表者，也是电气施工的一大创新。智能化，是未来建筑行业发展的一个大趋势；而弱电施工，也正是电气发展的一个大好趋势。发展好建筑智能化弱电施工，将会极大程度的提高我国建筑以及电气行业的发展。未来我国的电气行业一定能够在探索中成长，在成长中再创新高。

第四章　建筑工程施工技术实践应用研究

第一节　建筑智能化中 BIM 技术的应用

BIM 是指建筑信息模型，利用信息化的手段围绕建筑工程构建结构模型，缓解建筑结构的设计压力。现阶段建筑智能化的发展中，BIM 技术得到了充分的应用，BIM 技术向智能建筑提供了优质的建筑信息模型，优化了建筑工程的智能化建设。由此，本节主要分析 BIM 技术在建筑智能化中的相关应用。

我国建筑工程朝向智能化的方向发展，智能建筑成为建筑行业的主流趋势，为了提升建筑智能化的水平，在智能建筑施工中引入了 BIM 技术，专门利用 BIM 技术的信息化，完善建筑智能化的施工环境。BIM 技术可以根据建筑智能化的要求实行信息化模型的控制，在模型中调整建筑智能化的建设方法，帮助建筑智能化施工方案能够符合实际情况的需求。

一、建筑智能化中 BIM 技术特征

分析建筑智能化中 BIM 技术的特征表现，如：

（1）可视化特征，BIM 构成的建筑信息模型在建筑智能化中具有可视化的表现，围绕建筑模拟了三维立体图形，促使工作人员在可视化的条件下能够处理智能建筑中的各项操作，加强建筑施工的控制；

（2）协调性特征，智能建筑中涉及很多模块，如土建、装修等，在智能建筑中采用 BIM 技术，实现各项模块之间的协调性，以免建筑工程中出现不协调的情况，同时还能预防建筑施工进度上出现问题；

（3）优化性特征，智能建筑中的 BIM 具有优化性的特征，BIM 模型中提供了完整的建筑信息，优化了智能建筑的设计、施工，简化智能建筑的施工操作。

二、建筑智能化中 BIM 技术应用

结合建筑智能化的发展，分析 BIM 技术的应用，主要从以下几个方面分析 BIM 在智能建筑工程中的应用。

（一）设计应用

BIM 技术在智能建筑的设计阶段，首先构建了 BIM 平台，在 BIM 平台中具备智能建筑设计时可用的数据库，由设计人员到智能建筑的施工现场实行勘察，收集与智能建筑相关的数值，之后把数据输入到 BIM 平台的数据库内，此时安排 BIM 建模工作，利用 BIM 的建模功能，根据现场勘察的真实数据，在设计阶段构建出符合建筑实况的立体模型，设计人员在模型中完成各项智能建筑的设计工作，而且模型中可以评估设计方案是否符合智能建筑的实际情况。BIM 平台数据库的应用，在智能建筑设计阶段提供了信息传递的途径，缩短了不同模块设计人员的距离，避免出现信息交流不畅的情况，以便实现设计人员之间的协同作业。例如：智能建筑中涉及弱电系统、强电系统等，建筑中安装的智能设备较多，此时就可以通过 BIM 平台展示设计模型，数据库内录入了与该方案相关的数据信息，直接在 BIM 中调整模型弱电、强度以及智能设备的设计方式，促使智能建筑的各项系统功能均可达到规范的标准。

（二）施工应用

建筑智能化的施工过程中，工程本身会受到多种因素的干扰，增加了建筑施工的压力。现阶段建筑智能化的发展过程中，建筑体系表现出大规模、复杂化的特征，在智能建筑施工中引起了效率偏低的情况，再加上智能建筑的多功能要求，更是增加了建筑施工的困难度。智能建筑施工时采用了 BIM 技术，其可改变传统施工建设的方法，更加注重施工现场的资源配置。以某高层智能办公楼为例，分析 BIM 技术在施工阶段中的应用，该高层智能办公楼拥有娱乐、餐饮、办公、商务等多种功能，共计 32 层楼，属于典型的智能建筑，该建筑施工时采用 BIM 技术，根据智能建筑的实际情况规划好资源的配置，合理分配施工中材料、设备、人力等资源的分配，而且 BIM 技术还能根据天气状况调整建筑的施工工艺，该案例施工中期有强降水，为了避免影响混凝土的浇筑，利用 BIM 模型调整了混凝土的浇筑工期，BIM 技术在该案例中非常注重施工时间的安排，在时间节点上匹配好施工工艺，案例中 BIM 模型专门为建筑施工提供了可视化的操作，也就是利用可视化技术营造可视化的条件，提前观察智能办公楼的施工效果，直观反馈出施工的状态，进而在此基础上规划好智能办公楼施工中的工艺、工序，合理分配施工内容，BIM 在该案例中提供实时监控的条件，在智能办公楼的整个工期内安排全方位的监控，以防建筑施工时出现技术问题。

（三）运营应用

BIM 技术在建筑智能化的运营阶段也起到了关键的作用，智能建筑竣工后会进入运营阶段，分析 BIM 在智能建筑运营阶段中的应用，维护智能建筑运营的稳定性。本节主要以智能建筑中的弱电系统为例，分析 BIM 技术在建筑运营中的应用。弱电系统竣工后，运营单位会把弱电系统的后期维护工作交由施工单位，此时弱电系统的运营单位无法准确地了解具体的运行，导致大量的维护资料丢失，运营中采用 BIM 技术实现了参数信息的互通，即使施工人员维护弱电系统的后期运行，运营人员也能在 BIM 平台中了解参数信息，同时 BIM 中专门建立了弱电系统的运营模型，采用立体化的模型直观显示运维数据，匹配好弱电系统的数据与资料，辅助提高后期运维的水平。

三、建筑智能化中 BIM 技术发展

BIM 技术在建筑智能化中的发展，应该积极引入信息化技术，实现 BIM 技术与信息化技术的相互融合，确保 BIM 技术能够应用到智能建筑的各个方面。现阶段 BIM 技术已经得到了充分的应用，在智能化建筑的应用中需要做好 BIM 技术的发展工作，深化 BIM 技术的实践应用，满足建筑智能化的需求。信息化技术是 BIM 的基础支持，在未来发展中规划好信息化技术，促进 BIM 在建筑智能化中的发展。

建筑智能化中 BIM 技术特征明显，规划好 BIM 技术在建筑智能化中的应用，同时推进 BIM 技术的发展，促使 BIM 技术能够满足建筑工程智能化的发展。BIM 技术在建筑智能化中具有重要的作用，推进了建筑智能化的发展，最重要的是 BIM 技术辅助建筑工程实现了智能化，强化了现代智能化建筑施工的控制。

第二节　绿色建筑体系中建筑智能化的应用

由于我国社会经济的持续增长，绿色建筑体系逐渐走进人们视野，在绿色建筑体系当中，通过合理应用建筑智能化，不但能够保证建筑体系结构完整，其各项功能得到充分发挥，为居民提供一个更加优美、舒适的生活空间。鉴于此，本节主要分析建筑智能化在绿色建筑体系当中的具体应用。

一、绿色建筑体系中科学应用建筑智能化的重要性

建筑智能化并没有一个明确的定义，美国研究学者指出，所谓建筑智能化，主要指的是在满足建筑结构要求的前提之下，对建筑体系内部结构进行科学优化，为居民提供一个更加便利、舒适的生活环境。而欧盟则认为智能化建筑是对建筑内部资源的高效管理，在不断降低建筑体系施工与维护成本的基础之上，用户能够更好地享受服务。国际智能工程学会则认为：建筑智能化能够满足用户安全、舒适的居住需求，与普通建筑工程相比，各类建筑的灵活性较强。我国研究人员对建筑智能化的定位是施工设备的智能化，将施工设备管理与施工管理进行有效结合，真正实现以人为本的目标。

由于我国居民生活水平的不断提升，绿色建筑得到了大规模的发展，在绿色建筑体系当中，通过妥善应用建筑智能化技术，能够有效提升绿色建筑体系的安全性能与舒适性能，真正达到节约资源的目标，对建筑周围的生态环境起到良好改善作用。结合《绿色建筑评

价标准》（GB/T50328-2014）中的有关规定能够得知，通过大力发展绿色建筑体系，能够让居民与自然环境和谐相处，确保建筑的使用空间得到更好利用。

二、绿色建筑体系的特点

（一）节能性

与普通建筑相比，绿色建筑体系的节能性更加显著，能够保证建筑工程中的各项能源真正实现循环利用。例如，在某大型绿色建筑工程当中，设计人员通过将垃圾进行分类处理，能够保证生活废物得到高效处理，减少生活污染物的排放量。由于绿色建筑结构比较简单，居民的活动空间变得越来越大，建筑可利用空间的不断加大，有效提升了人们的居住质量。

（二）经济性

绿色建筑体系具有经济性特点，由于绿色建筑内部的各项设施比较完善，能够全面满足居民的生活、娱乐需求，促进居民之间的和谐沟通。为了保证太阳能的合理利用，有关设计人员结合绿色建筑体系特点，制定了合理的节水、节能应急预案，并结合绿色建筑体系运行过程中时常出现的问题，制定了相应的解决对策，在提升绿色建筑体系可靠性的同时，充分发挥该类建筑工程的各项功能，使得绿色建筑体系的经济性能得到更好显现。

三、绿色建筑体系中建筑智能化的具体应用

（一）工程概况

某项目地上34层为住宅楼，地下两层为停车室，总建筑面积为12365.95m^2，占地面积为1685.32m^2。在该建筑工程当中，通过合理应用建筑智能化理念，能够有效提高建筑内部空间的使用效果，进一步满足人们的居住需求。绿色建筑工程设计人员在实际工作当中，要运用"绿色"理念，"智能"手段，对绿色建筑体系进行合理规划，并认真遵守《绿色建筑技术导则》中的有关规定，不断提高绿色建筑的安全性能与可靠性能。

（二）设计阶段建筑智能化的应用

在绿色建筑设计阶段，设计人员要明确绿色建筑体系的设计要求，对室内环境与室外环境进行合理优化，节约大量的水资源、材料资源，进一步提升绿色建筑室内环境质量。在设计室外环境的过程当中，可以栽种适应力较强、生长速度快的树木，并采用无公害病虫害防治技术，不断规范杀虫剂与除草剂的使用剂量，防止杀虫剂与除草剂对土壤与地下水环境产生严重危害。为了进一步提升绿色建筑体系结构的完整性，社区物业部门需要建立相应的化学药品管理责任制度，并准确记录下树木病虫害防治药品的使用情况，定期引进生物制剂与仿生制剂等先进的无公害防治技术。

除此之外，设计人员还要根据该地区的地形地貌，对原有的工程设计方案进行优化，并不断减小工程施工对周围环境产生的影响，特别是水体与植被的影响等。设计人员还要考虑工程施工对周围地形地貌、水体与植被的影响，并在工程施工结束之后，及时采用生态复原措施，确保原场地环境更加完整。设计人员还要结合该地区的土壤条件，对其进行生态化处理，针对施工现场中可能出现的污染水体，采取先进的净化措施进行处理，在提升污染水体净化效果的同时，真正实现水资源的循环利用。

（三）施工阶段建筑智能化的应用

在绿色建筑工程施工阶段，通过应用建筑智能化技术，能够有效降低生态环境负荷，对该地区的水文环境起到良好地保护作用，真正实现提升各项能源利用效率、减少水资源浪费的目标。建筑智能化技术的应用，主要体现在工程管理方面，施工管理人员通过利用信息技术，将工程中的各项信息进行收集与汇总，在这个过程当中，如果出现错误的施工信息，软件能够准确识别错误信息，更好的缩减了施工管理人员的工作负担。

在该绿色建筑工程项目当中，施工人员进行海绵城市建设，其建筑规模如下：①在小区当中的停车位位置铺装透水材料，主要包括非机动车位与机动车位，防止地表雨水的流失。②合理设置下凹式绿地，该下凹式绿地占地面地下室顶板绿地的 90%，具有较好的调节储蓄功能。③该工程项目设置屋顶绿化 $698.25m^2$，剩余的屋面则布置太阳能设备，通过在屋顶布设合理的绿化，能够有效减少热岛效应的出现，不断减少雨水的地表径流量，对绿色建筑工程项目的使用环境起到良好的美化作用。

（四）运行阶段建筑智能化的应用

在绿色建筑工程项目运行与维护阶段，建筑智能化技术的合理应用，能够保证项目中的网络管理系统更加稳定运行，真正实现资源、消耗品与绿色的高效管理。所谓网络管理系统，能够对工程项目中的各项能耗与环境质量进行全面监管，保证小区物业管理水平与效率得到全面提升。在该绿色建筑工程项目当中，施工人员最好不使用电直接加热设备作为供暖控台系统，要对原有的采暖与空调系统冷热源进行科学改进，并结合该地区的气候特点、建筑项目的负荷特性，选择相应的热源形式。该绿色建筑工程项目中采用集中空调供暖设备，拟采用 2 台螺杆式水冷冷水机组，机组制冷量为 1160kW 左右。

综上所述，通过详细介绍建筑智能化技术在绿色建筑体系设计阶段、施工阶段、运行阶段的应用要点，能够帮助有关人员更好地了解建筑智能化技术的应用流程，对绿色建筑体系的稳定发展起到良好推动作用。对于绿色建筑工程项目中的设计人员而言，要主动学习先进的建筑智能化技术，不断提高自身的智能化管理能力，保证建筑智能化在绿色建筑体系中得到更好运用。

第三节　建筑电气与智能化建筑的发展和应用

　　智能化建筑在当前建筑行业中越来越常见，对于智能化建筑的构建和运营而言，建筑电气系统需要引起高度关注，只有确保所有建筑电气系统能够稳定有序运行，进而才能够更好保障智能化建筑应有功能的表达。基于此，针对建筑电气与智能化建筑的应用予以深入探究，成为未来智能化建筑发展的重要方向，本节就首先介绍了现阶段建筑电气和智能化建筑的发展状况，然后又具体探讨了建筑电气智能化系统的应用，以供参考。

　　现阶段智能化建筑的发展越来越受重视，为了进一步显现了智能化建筑的应用效益，提升智能化建筑的功能价值，必然需要重点围绕着智能化建筑的电气系统进行优化布置，以求形成更为协调有序的整体运行效果。在建筑电气和智能化建筑的发展中，当前受重视程度越来越高，尤其是伴随着各类先进技术手段的创新应用，建筑智能化电气系统的运行同样也越来越高效。但是针对建筑电气和智能化建筑的具体应用方式和要点依旧有待于进一步探究。

一、建筑电气和智能化建筑的发展

　　当前建筑行业的发展速度越来越快，不仅仅表现在施工技术的创新优化上，往往还和建筑工程项目中引入的大量先进技术和设备有关，尤其是对于智能化建筑的构建，更是在实际应用中表现出了较强的作用价值。对于智能化建筑的构建和实际应用而言，其往往表现出了多方面优势，比如可以更大程度上满足用户的需求，体现更强的人性化理念，在节能环保以及安全保障方面同样也具备更强作用，成为未来建筑行业发展的重要方向。在智能化建筑施工构建中，各类电气设备的应用成为重中之重，只有确保所有电气设备能够稳定有序运行，进而才能够满足应有功能。基于此，建筑电气和智能化建筑的协同发展应该给予高度关注，以求促使智能化建筑可以表现出更强的应用价值。

　　在建筑电气和智能化建筑的协同发展中，智能化建筑电气理念成为关键发展点，也是未来我国住宅优化发展的方向，有助于确保所有住宅内电气设备的稳定可靠运行。当然，伴随着建筑物内部电气设备的不断增多，相应智能化建筑电气系统的构建难度同样也比较大，对于设计以及施工布线等都提出了更高要求。同时，对于智能化建筑电气系统中涉及的所有电气设备以及管线材料也应该加大关注力度，以求更好维系整个智能化建筑电气系统的稳定运行，这也是未来发展和优化的重要关注点。

　　从现阶段建筑电气和智能化建筑的发展需求上来看，首先应该关注以人为本的理念，要求相应智能化建筑电气系统的运行可以较好符合人们提出的多方面要求，尤其是需要注重为建筑物居住者营造较为舒适的室内环境，可以更好增强建筑物居住质量；其次，在智能化建筑电气系统的构建和运行中还需要充分考虑到节能需求，这也是开发该系统的重要目标，需要促使其能够充分节约以往建筑电气系统运行中不必要的能源消耗，在更为节能的前提下提升建筑物运行价值；最后，建筑电气和智能化建筑的优化发展还需要充分关注于建筑物的安全性，能够切实围绕着相应系统的安全防护功能予以优化，保证安全监管更为全面，同时能够借助于自动控制手段形成全方位保护，进一步提升智能化建筑应用价值。

二、建筑电气与智能化建筑的应用

（一）智能化电气照明系统

在智能化建筑构建中，电气照明系统作为必不可少的重要组成部分应该予以高度关注，确保电气照明系统的运用能够体现出较强的智能化特点，可以在照明系统能耗损失控制以及照明效果优化等方面发挥积极作用。电气照明系统虽然在长期运行下并不会需要大量的电能，但是同样也会出现明显的能耗损失，以往照明系统中往往有15%左右的电力能源被浪费，这也就成为建筑电气和智能化建筑优化应用的重要着眼点。针对整个电气照明系统进行智能化处理需要首先考虑到照明系统的调节和控制，在选定高质量灯源的前提下，借助于恰当灵活的调控系统，实现照明强度的实时控制，如此也就可以更好满足居住者的照明需求，同时还有助于避免不必要的电力能源损耗。虽然电气照明系统的智能化控制相对简单，但是同样也涉及了较多的控制单元和功能需求，比如时间控制、亮度记忆控制、调光控制以及软启动控制等，都需要灵活运用到建筑电气照明系统中，同时借助于集中控制和现场控制，实现对于智能化电气照明系统的优化管控，以便更好提升其运行效果。

（二）BAS 线路

建筑电气和智能化建筑的具体应用还需要重点考虑到 BAS 线路的合理布设，确保整个 BAS 运行更为顺畅高效，以防在任何环节中出现严重隐患问题。在 BAS 线路布设中，首先应该考虑到各类不同线路的选用需求，比如通信线路、流量计线路以及各类传感器线路，都需要选用屏蔽线进行布设，甚至需要采取相应产品制造商提供的专门导线，以避免在后续运行中出现运行不畅现象。在 BAS 线路布设中还需要充分考虑到弱电系统相关联的各类线路连接需求，确保这些线路的布设更为合理，尤其是对于大量电子设备的协调运行要求，更是应该借助于恰当的线路布设予以满足。另外，为了更好确保弱电系统以及相关设备的安全稳定运行，往往还需要切实围绕着接地线路进行严格把关，确保各方面的接地处理都可以得到规范执行，除了传统的保护接地，还需要关注于弱电系统提出的屏蔽接地以及信号接地等高要求，对于该方面线路电阻严格准确把关，避免出现接地功能受损问题。

（三）弱电系统和强电系统的协调配合

在建筑电气与智能化建筑构建应用中，弱电系统和强电系统之间的协调配合同样也应该引起高度重视，避免因为两者间存在的显著不一致问题，影响到后续各类电气设备的运行状态。在智能化建筑中做好弱电系统和强电系统的协调配合往往还需要首先分析两者间的相互作用机制，对于强电系统中涉及的各类电气设备进行充分研究，探讨如何借助于弱电系统予以调控管理，以促使其可以发挥出理想的作用价值。比如在智能化建筑中进行空调系统的构建，就需要重点关注于空调设备和相关监控系统的协调配合，促使空调系统不仅仅可以稳定运行，还能够有效依靠温度传感器以及湿度传感器进行实时调控，以便空调设备可以更好地服务于室内环境，确保智能化建筑的应用价值得到进一步提升。

（四）系统集成

对于建筑电气与智能化建筑的应用而言，因为其弱电系统相对较为复杂，往往包含多个子系统，如此也就必然需要重点围绕着这些弱电项目子系统进行有效集成，确保智能化建筑运行更为高效稳定。基于此，为了更好促使智能化建筑中涉及的所有信息都能够得到有效共享，应该首先关注于各个弱电子系统之间的协调性，尽量避免相互之间存在明显冲突。当前智能楼宇集成水平越来越高，但是同样也存在着一些缺陷，有待于进一步优化完善。

在当前建筑电气与智能化建筑的发展中，为了更好提升其应用价值，往往需要重点围绕着智能化建筑电气系统的各个组成部分进行全方位分析，以求形成更为完整协调的运行机制，切实优化智能化建筑应用价值。

第四节　建筑智能化系统集成设计与应用

随着社会不断进步，建筑的使用功能获得极大丰富，从开始单纯为人们遮风挡雨，到现在协助人们完成各项生活、生产活动，其数字化水平、信息化程度和安全系数受到了人们的广泛关注。

由此可以看出，建筑智能化必将成为时代发展的趋势和方向。如今，集成系统在建筑的智能化建设中得到了广泛应用，引起了建筑质的变化。

一、现代建筑智能化发展现状

科学技术的进步促进了建筑行业的改革与发展。近年来，我国的智能化建筑领域呈现出良好的发展态势，并且其在设计、结构、使用等方面与传统建筑相互有着明显的差别，因此备受人们的关注。

如今，我们已经进入了网络时代，建筑建设也逐渐向集成化和科学化方向发展。智能建筑全部采用现代技术，并将一系列信息化设备应用到建筑设计和实际施工中，使智能建筑具有强大的实用性功能，进而为人们的生产生活提供更为优质的服务。

现阶段，各个国家对智能建筑均持不同的意见与看法，我国针对智能建筑也颁布了一系列的政策与标准。总的来说，智能建筑发展必须以信息集成技术为支撑，而如何实现系统集成技术在智能建筑中的良好应用，提高用户的使用体验就成了建筑行业亟须研究的问题。

二、建筑智能化系统集成目标

建筑智能化系统的建立，首先需要确定集成目标，而目标是否科学合理，对建筑智能化系统的建立具有决定性意义。在具体施工中，经常会出现目标评价标准不统一，或是目标不明确的情况，进而导致承包方与业主出现严重的分歧，甚至出现工程返工的情况，这造成了施工时间与资源的大量浪费，给承包方产生了大量的经济损失，同时业主的居住体验和系统性能价格比也会直线下降，并且业主的投资也未能得到相应的回报。

建筑智能化系统集成目标要充分体现操作性、方向性和及物性的特点。其中，操作性是决策活动中提出的控制策略，能够影响与目标相关的事件，促使其向目标方向靠拢。方向性是目标对相关事件的未来活动进行引导，实现策略的合理选择。及物性是指与目标相关或是目标能直接涉及的一些事件，并为决策提供依据。

三、建筑智能化系统集成的设计与实现

（一）硬接点方式

如今，智能建筑中包含许多的系统方式，简单的就是在某一系统设备中通过增加该系统的输入接点、输出接点和传感器，再将其接入另外一个系统的输入接点和输出接点来进行集成，向人们传递简单的开关信号。该方式得到了人们的广泛应用，尤其在需要传输紧急、简单的信号系统中最为常用，如报警信号等。硬接点方式不仅能够有效缩减施工成本，而且为系统的可靠性和稳定性提供保障。

（二）串行通信方式

串行通信方式是一种通过硬件来进行各子系统连接的方式，是目前较为常用的手段之一。其较硬接点方式来说成本更低，且大多数建设者也能够依靠自身技能来实现该方式的应用。通过应用串行通信的方式，可以对现有设备进行改进和升级，并使其具备集成功能。该方式是在现场控制器上增加串行通信接口，通过串行通信接口与其他系统进行通信，但该方式需要根据使用者的具体需求来进行研发，针对性很强。同时其需要通过串行通信协议转换的方式来进行信息的采集，通信速率较低。

（三）计算机网络

计算机是实现建筑智能化系统集成的重要媒介。近几年来，计算机技术得到了迅猛的发展与进步，给人们的生产生活带来了极大的便利。建筑智能化系统生产厂商要将计算机技术充分利用起来，设计满足客户需求的智能化集成系统，例如保安监控系统、消防报警、楼宇自控等，将其通过网络技术进行连接，达到系统间互相传递信息的作用。通过应用计算机技术和网络技术，减少了相关设备的大量使用，并实现了资源共享，充分体现了现代系统集成的发展与进步，并且在信息速度和信息量上均显现出了显著的优势。

（四）OPC 技术

OPC 技术是一种新型的具有开放性的技术集成方式，若说计算机网络系统集成是系统的内部联系，那么 OPC 技术是更大范围的外部联系。通过应用计算机技术，能够促进各个商家间的联系，而通过构建开放式系统，例如围绕楼宇控制系统，能够促使各个商家、建筑的子系统按照统一的发展方式和标准，通过网络管理、协议的方式为集成系统提供相应的数据，时刻做到标准化管理。同时，通过应用 OPC 技术，还能将不同供应商所提供的应用程序、服务程序和驱动程序做集成处理，使供应商、用户均能在 OPC 技术中体会到其带来的便捷。此外，OPC 技术还能作为不同服务器与客户的连接桥梁，为两者建立一种即插即用的链接关系，并显示出其简单性和规范性的特点。在此过程中，开发商无须投入大量的资金与精力来开发各硬件系统，只需开发一个科学完善的 OPC 服务器，即可实现标准化服务。由此可见，基于标准化网络，将楼宇自控系统作为核心的集成模式，具有性能优良、经济实用的特点，值得广为推荐。

四、建筑智能化系统集成的具体应用

（一）设备自动化系统的应用

实现建筑设备的自动化、智能化发展，为建筑智能化提供了强大的发展动力。所谓的设备自动化就是指实现建筑对内部安保设备、消防设备和机电设备等的自动化管理，如照明、排水、电梯和消防等相关的大型机电设备。相关管理人员必须要对这些设备进行定期检查和保养，保证其正常运行。实现设备系统的自动化，大大提高了建筑设备的使用性能，并保障了设备的可靠性和安全性，对提升建筑的使用功能和安全性能起到了关键的作用。

（二）办公自动化系统的应用

通过办公自动化系统的有效应用，能够大大提升办公质量与效率，并极大地改善办公环境，避免出现人工失误，进而及时、高效地完成相应的工作任务。办公自动化系统通过借助先进的办公技术和设备，对信息进行加工、处理、储存和传输，较纸质档案来说更为牢靠和安全，并大大节省了办公的空间，降低了成本投入。同时，对于数据处理问题，通过应用先进的办公技术，使信息加工更为准确和快捷。

（三）现场控制总线网络的应用

现场控制总线网络是一种标准的开放的控制系统，能够对各子系统数据库中的监控模块进行信息、数据的采集，并对各监控子系统进行联动控制，主要通过 OPC 技术、COM/DCOM 技术等标准的通信协议来实现。建筑的监控系统管理人员可利用各子系统来进行工作站的控制，监视和控制各子系统的设备运行情况和监控点报警情况，并实时查询历史数据信息，同时进行历史数据信息的储存和打印，再设定和修改监控点的属性、时间和事件的相应程序，并干预控制设备的手动操作。此外，对各系统的现场控制总线网络与各智能化子系统的以太网还应设置相关的管理机制，确保系统操作和网络的安全管理。

综上所述，建筑智能化系统集成是一项重要的科技创新，极大地满足了人们对智能建筑的需求，让人们充分体会到了智能化所带来的便捷与安全。同时，建筑智能化也对社会经济的发展起到了一定的促进作用。如今，智能化已经体现在生产生活的各个方面，并成为未来的重要发展趋势，对此，国家应大力推动建筑智能化系统集成的发展，为人们创造良好的生活与工作环境，促进社会和谐与稳定。

第五节　信息技术在建筑智能化建设中的应用

我国经济的高速发展及信息化社会、工业化进程的不断推进，使我国各地在一定限度上涌现出了投资额度不一、建设类型不一的诸多大型建筑工程项目，而面对体量较大的建筑工程主体管理工作，若不采用高效的科学的管理工具进行辅助，就会在极大限度上直接加大管理工作人员工作难度，甚至会给建筑工程项目建设带来不必要的负面影响。

信息技术的不断发展和应用，对传统的建筑管理工作产生了不可估量的影响，借助信息技术的不断应用，建筑主体智能化管理、视频监控管理、照明系统管理等现代信息技术的不断应用，借助对系统数据信息的深度挖掘和分析，实现了对建筑主体的自动化管控，为我国智能建筑市场优势的打造奠定了坚实的基础。

一、项目概况

为进一步探究信息技术在建筑智能化建设中的广泛应用，本节以某综合性三级甲等医院为主要研究对象，探究了该三甲医院门急诊病房的综合楼项目建设工程。

进一步分析该建设工程项目可知，该项目主要由住院病区、门诊区、急诊区、医疗技术区、中心供应区、后勤服务区和地下停车场区等重要部分组成，地面面积总共为 5.1 万 m^2，总建筑面积为 23.8 万 m^2。

该三甲医院门诊急诊病房综合楼工程项目建设设计门诊量为 6 000 人 /d，实际急诊量为 800 人 /d，实际拥有病床 1 700 个，共拥有手术室 82 间。

二、建筑智能化系统架构

随着现代社会人们物质生活水平的普遍提高和信息化技术、数字化技术、智能化技术的不断进步与发展，医疗服务的数字化水平、自动化水平和智能化水平逐渐普及，建筑智能化系统在医疗建筑工程项目领域中的应用愈加广泛，在较大限度上直接加大了智能化建设项目成本的压力。因此，为了尽可能地强化建筑智能化设计，考虑用户核心需要、使用需求、管理模式、建设资金等多方面综合情况，进而对建筑智能化系统的相关功能、规模配置以及系统标准等方面进行综合考量，达到标准合格、功能齐全、社会效益和经济效益的最大化平衡，为人民生活谋取最大福利。

三、系统集成技术应用

（一）系统集成原理

在利用信息化技术对建筑工程项目进行智能化建设和管理时，相关工作人员应严格按照建筑智能化工程项目建设规划及管理规划，在使用信息技术工具及其软件系统等多样化方式的基础上，增强对建筑工程项目的智能化系统集成。例如，在闵行区标准化考场视频巡查系统的改扩建项目中，工作人员首先应借助相关软件实现对工程项目建设硬件设备数据的采集、存储、整理和分析，进而通过相应信息软件对相关硬件设备的数据进行优化控制与管理。在此过程中，必须时刻关注硬件设备与系统软件之间的天然差异所带来的数据交互以及数据处理的困难，根据所建设工程项目的实际标准选取更加恰当和适宜的过程控制标准，尽可能地选择由 OPC 基金会所制定的工业过程控制 OPC 标准，解决硬件服务商和系统软件集成服务商之间数据通信难度的同时，为上下位的数据信息通信提供更加透明的通道，从而实现硬件设备和软件系统之间数据信息的自由交换，进而为建筑工程项目智能化设计系统的开放性、可扩展性、兼容性、简便性等奠定坚实的基础，为建筑工程智能化管理提供可靠的保障。

（二）系统集成关键技术

为尽可能全面地满足建筑工程项目的智能化管理和建设需求，需借助先进科学的信息技术，在结合建筑工程智能化建设管理用户需求和建设需求目标的基础上进行整体设计和综合考量，进而制定满足特定建筑智能化管理目标的管理方案和管理措施。一般而言，在建筑工程项目智能化集成系统的设计过程中，其应用技术主要包括计算机技术、图像识别技术、数据通信技术、数据存储技术以及自动化控制技术等重要类型。就计算机技术而言，由于在所有的系统软件运行过程中都离不开计算机硬件设备及软件系统支撑等重要媒介，因此，为了尽可能地提升建筑工程智能化集成系统的实际应用效能，满足工程项目智能化建设的总体需求，就需要尽可能地使用先进的计算机管理技术，保证计算机媒介性能提升的同时，确保计算机网络系统的稳定性、安全性、服务可持续性、兼容性及高效性，为满足建筑智能化建设目标打下坚实的基础。其次是图像识别技术，在建筑智能化集成系统子系统的集成过程中，由于集成对象包括了建筑工程项目出入车辆的监控、视频数据信息的采集等众多图像采集子系统，因此，为了更高效地完成系统集成目标，将各图像采集子系统所采集到的数据信息转化为可读性更强的数字化信息，就需应用高效的图像识别技术，完成对输入图像数据信息的识别、采集、存储和分析，最终完成图像信息到可读数字化信息的转换。就数据通信技术而言，建筑智能化集成系统在其设计过程中采用了集中式的数据存储管理模式，由建筑智能化集成系统的各子系统根据自身设备的实际运行状况实时记录和存储相应的生产数据信息，进而利用专业化程度较高的数据通信技术，将实时的生产数据信息进行集中汇总和存储，从而保证建筑智能化集成子系统数据信息能够持续稳定且可靠准确地上报集成数据中心，完成数据通信和数据存储过程。就自动化控制技术而言，建筑智能化集成系统之所以能够称为智能化系统的重要原因，即建筑智能化集成系统能够根据相应的预先设定的规则，对所采集到的数据信息进行分析处理而完成自动化控制，并进一步根据系统的分析结果采取相应的处置措施，且在一系列的数据处理和措施设计过程中并不需要人工参与，从而大幅度提高了建筑工程项目的实际管理效率和管理质量。因此，为有效提升系统的整体应用价值，就必须确保建筑智能化集成系统的自动化控制水准达到基本要求。

（三）系统集成分析

在闵行法院机房 UPS 项目智能化系统的建设过程中，为了尽可能地提高智能化系统的集成综合服务能力，根据现有的 5A 级智能化工程项目建设目标，包括楼宇设备自动化系统、安全自动防范系统、通信自动化系统、办公自动化系统和火灾消防联动报警系统等，在结合工程项目建设智能化管理实际需求的基础上，对现有的建筑智能化系统集成进行分层次的集成架构设计，确保建筑智能化系统集成物理设备层、数据通信层、数据分析层以及数据决策层等相关数据信息的可获得性和功能目标完成的科学性。其中，在对物理设备层进行架构时，必须依据不同的建筑工程项目主体智能化建设需求的不同，以 5A 级智能化建设项目为基本指导，在安装各智能化应用子系统过程中有所侧重，有所忽略。就通信层设计而言，主要是为了完成集成系统和各子系统之间数据信息交换接口的定义以及交换数据信息协议的补充，实现数据信息之间的互联互通，而数据分析层则主要是为了完成各子系统所采集到的数据信息的自动化分析和智能化控制，最终为数字决策层提供更加科学、更加准确的数据支撑。

总之，信息技术在建筑智能化建设和管理过程中具备不容忽视的使用价值和重要作用，不仅能在较大限度上直接改善建筑智能化系统的实际运营过程，确保建筑智能化各项运营需求和运营功能的实现，更能够有力地促进建筑智能化向智能建筑和智慧建筑方向发展，充分提高智能建筑实际运营质量的同时，实现智能建筑中的物物相连，为信息的"互联互通"和人们的舒适生活做出贡献。

第六节　智能楼宇建筑中楼宇智能化技术的应用

经济城市化水平的急剧发展带动了建筑业的迅猛发展，在高度信息化、智能化的社会背景下，建筑业与智能化的结合已成为当前经济发展的主要趋势，在现代建筑体系中，已经融入了大量的智能化产物，这种有机结合建筑，增添了楼宇的便捷服务功能，给用户带来了全新的体验。本节就智能化系统在楼宇建筑中的高效应用进行研究，根据智能化楼宇的需求，研制更加成熟的应用技术，改善楼宇智能化功能，为人们提供更加便捷、科技化的享受。

楼宇智能化技术作为新世纪高新技术与建筑的结合产物，其技术设计多个领域，不仅需要有专业的建筑技术人员，更需要懂科技、懂信息等科技人才相互协作才能确保楼宇智能化的实现。楼宇智能化设计中，对智能化建设工程的安全性、质量和通信标准要求极高。只有全面的掌握楼宇建筑详细资料，选取适合楼宇智能化的技术，才能建造出多功能、大规模、高效能的建筑体系，从而为人们创造更加舒适的住房环境和办公条件。

一、智能化楼宇建设技术的现状概述

在建筑行业中使用智能化技术，是集结了先进了科学智能化控制技术和自动通信系统，是人们不断改造利用现代化技术，逐渐优化楼宇建筑功能，提升建筑物服务的一种技术手段。20 世纪 80 年代，第一栋拥有智能化建设的楼宇在美国诞生，自此之后，楼宇智能化技术在全世界各地进行推广。我国作为国际上具有实力潜力的大国，针对智能化在建筑物中的应用开展了细致的研究和深入的探讨，最终制定了符合中国标准的智能化建筑技术，并做出相关规定和科学准则。在国家经济的全力支撑下，智能化楼宇如春笋般，遍地开花。国家相关部分进行综合决策，制定了多套符合中国智能化建设的法律法规，使智能化楼宇在审批中、建筑中、验收的各个环节都能有标准的法律法规，这对于智能化建筑在未来的发展中给予了重大帮助和政策支撑。

二、楼宇智能化技术在建筑中的有效用应用

（一）机电一体化自控系统

机电设备是建筑中重要的系统，主要包含楼房的供暖系统、空调制冷系统、楼宇供排水体系、自动化供电系统等。楼房供暖与制冷系统调控系统：借助于楼宇内的自动化调控

系统，能够根据室内环境的温度，开展一系列的技术措施，对其进行功能化、标准化的操控和监督管理。同时系统能后通过自感设备对外界温湿度进行精准检测，并自动调节，进而改善整个楼宇内部的温湿条件，为人们提供更高效、更适宜的服务体验。当楼宇供暖和制冷系统出现故障时，自控系统能够寻找到故障发生根源，并及时进行汇报，同时也可实现自身对问题的调控，将问题缩小到最低范围。

供排水自控系统：楼宇建设中供排水系统是最重要的工程项目，为了使供排水系统能够更好地为用户服务，可以借助于自控较高系统对水泵的系统进行24小时的监控，当出现问题障碍时，能够及时报警。同时，其监控系统，能够根据污水的排放管道的堵塞情况、处理过程等方面实施全天候的监控与管理。此外，自控制系统能够实时监测系统供排水系统的压力符合，压力过大时能够及时减压处理，确保水系统的供排在一定的掌控范围中。最大程度的减少供排水系统的障碍出现的频率。

电力供配自控系统：智能化楼宇建设中最大的动力来源就是"电"，因此，合理的控制电力的供给和分配是电力实现智能化建筑楼宇的重中之重。在电力供配系统中增添控制系统，实现全天候的检测，能够准确把握各个环节，确保整个系统能够正常的运行。当某个环节出现问题时，自控系统能够及时地检测出，并自动生成程序解决供电故障，或发出警报信号，提醒检修人员进行维修。能够实现对电力供配系统的监控主要依赖于传感系统发出的数据信息与预报指令。根据系统做出的指令，能够及时切断故障的电源，控制该区域的网络运行，从而保障电力系统的其他领域安全工作。

（二）防火报警自动化控制系统

搭建防火报警系统是现代楼宇建设中最重要的安全保障系统，对于智能化楼宇建筑而言，该系统的建设具有重大意义，由于智能化建筑中需要大功率的电子设备，来保证楼宇各个系统的正常运转，在保障楼宇安全的前提下，消防系统的作用至关重要。当某一个系统中出现短路或电子设备发生异常时，就会出现跑电漏电等现象，若不能及时对其进行控制，很容易引发火灾。防火报警系统能够及时地检测出排布在各个楼宇系统中的电力运行状态，并实施远程监控和操作。一旦发生火灾时，便可自动实施消防措施，同时发出报警信号。

（三）安全防护自控系统

现代楼宇建设中，设计了多项安全防护系统，其中包括：楼宇内外监控系统、室内外防盗监控系统、闭路电视监控。楼宇内外监控系统，是对进出楼宇的人员和车辆进行自动化辨别，确保楼宇内部安全的第一道防线，这一监测系统包括门禁卡辨别装置、红外遥控操作器、对讲电话设备等，进出人员刷门禁卡时，监控系统能够及时地辨别出人员的信息，并保存与计算机系统中，待计算机对其数据进行辨别后传出进出指令。室内外防盗监控系统主要通过红外检测系统对其进行辨别，发现异常行为后能够自动发出警报并报警。闭路电视监控系统是现代智能化楼宇中常用的监测系统，通过室外监控进行人物呈像，并进行记录、保存。

（四）网络通信自控系统

网络通信自控系统，是采用 PBX 系统对建筑物中声音、图形等进行收集、加工、合成、传输的一种现代通信技术，它主要以语音收集为核心，同时也连接了计算机数据处理中心设备，是一种集电话、网络为一体的高智能网络通信系统，通过卫星通信、网络的连接和广域网的使用，将收集到的语音资料通过多媒体等信息技术传递给用户，实现更高效便捷的通信与交流。

在信息技术发展迅猛的今天，智能化技术必将广泛应用于楼宇的建筑中，这项将人工智能与建筑业的有机结合技术是现代建筑的产物，在这种建筑模式高速发展的背景下，传统的楼宇建筑技术必将被取代。这不仅是时代向前发展的决定，同时也是人们的未来住房功能和服务的要求，在未来的建筑业发展中，实现全面的智能化为建筑业提供了发展的方向。除此之外，随着建筑业智能化水平的日渐提升，为各大院校的从业人员也提供了坚实的就业保障和就业方向。

第七节　建筑智能化系统的智慧化平台应用

在物联网、大数据技术的快速发展的大背景下，有效推动了建筑智能化系统的发展，通过打造智慧化平台，使得系统智能化功能更加丰富，极大改善了人们的居住体验，降低了建筑能耗，更加方便对建筑运行进行统一管理，对于推动智能建筑实现可持续发展具有重要的意义。

一、建筑智能化系统概述

建筑智能化系统，最早兴起于西方，早在 1984 年，美国的一家联合科技 UTBS 公司通过将一座金融大厦进行改造并命名为"City Place"，具体改造过程即是在大厦原有的结构基础之上，通过增添一些信息化设备，并应用一些信息技术，例如计算机设备、程序交换机、数据通信线路等，使得大厦整体功能发生了质的改变，住在其中的用户因此能够享受到文字处理、通信、电子信函等多种信息化服务，与此同时，大厦的空调、给排水、供电设备也可以由计算机进行控制，从而使得大厦整体实现了信息化、自动化，为住户提供了更为舒适的服务与居住环境，自此以后，智能建筑走上了高速发展的道路。

如今随着物联网技术的飞速发展，使得建筑智能化系统中的功能更加丰富，并衍生了一种新的智慧化平台，该平台依托于物联网，不仅渗透了常规的信息通信技术，还应用了云计算技术、GPS、GIS、大数据技术等,使得建筑智能化系统的智能性得到更为显著的体现，在建筑节能、安防等方面发挥着非常重要的作用。

二、智慧平台的 5 大作用

通过传统的建筑智能化衍生为系统智能化，将局域的智能化通过通信技术进行了升级和加强，再通过平台集成将原有智能化各个系统统一为一个操作界面，使智能化管理更加便捷和智能。以下有五大优点。

（一）实施对设施设备运维管理

针对建筑设施设备使用期限，实现自动化管理，建筑智能化系统设备一般开始使用后，在系统之中，会自动设定预计使用年限，在设备将要达到使用年限后，可以向用户发出更换提醒。设施设备维护自动提醒，以提前设置好的设备的维护周期内容为依据，并结合设备上次维护时间，系统能够自动生成下一次设备维护内容清单，并能够自动提醒。并针对系统维护、维修状况，能够实现自动关联，并根据相关设备，实现详细内容查询，一直到设备报废或者从建筑中撤除。能够对系统设备近期维护状况进行实时检查，能够提前了解基本情况，并来到现场对设备运行状态加以确认，了解详细情况，并将故障信息实施上传，更加方便管理层进行决策，及时制定对合理的应对方案。例如依靠云平台，收集建筑运行信息，并能够对这些信息进行集中分析，例如通过统计设备故障率，获得不同设备使用寿命参照数据，并通过可视化技术以图表形式现实出来，更加有助于实现事前合理预测，提前做好预防措施，有效提升系统设备的管理质量水平。

（二）有效的降低能耗，提高日常管理

将建筑内涉及能源采集、计量、监测、分析、控制等的设备和子系统集中在一起，实现能源的全方位监控，通过各能源设备的数据交互和先进的计算机技术实现主动节能的同时，还可通过对能源的使用数据进行横向、纵向的对比分析，找到能源消耗与楼宇经营管理活动中不匹配的地方，掌握关键因素，在保证正常的生产经营活动不受影响及健康舒适工作环境的前提下，实现持续的降低能耗。同时该系统通过 I/O、监听等专有服务，将建筑内的所有供能设备及耗能设备进行统一集成，然后利用数据采集器、串口服务器，实现各类智能水表、电表、燃气表、冷热能量表的能耗数据的获取。并通过数据采集器、串口服务器或者各种接口协议转换，对建筑各种能耗装置设备进行实时监控和设备管理。针对收集的能耗数据，通过利用大规模并行处理和列存储数据库等手段，将信息进行半结构化和非结构化重构，用于开展更高级别的数据分析。同时系统嵌入建筑的 2D/3D 电子地图导航，将各类能耗的监测点标注在实际位置上，使得布局明晰并方便查找。在 2D/3D 效果图上选择建筑的任何用能区域，可以实时监测能耗设备的实时监测参数及能耗情况，让管理人员和使用者能够随时了解建筑的能耗情况，提高节能意识。在此基础上，还能够完成不同建筑能源的分时—分段计费、多角度能耗对比分析、用能终端控制等功能。

（三）应急指挥

将智能化的各个子系统通过软件对接的方式平台管理，通过智能分析及大数据分析，有效提高管理人员的管理水平。

其中网络设备系统、无线 WiFi 系统、高清视频监控系统、人脸识别系统、信息发布系统、智能广播系统、智能停车场系统等各个独立的智能化系统有机的结合实现：

1. 危险预防能力

使用具有人脸识别、智能视频分析、热力分析等功能，在一些危险区域、事态进行提前预判，有针对性的管理。

全天时工作，自动分析视频并报警，误报率低，降低因为管理人员人为失误引起的高误差。将传统的"被动"视频监控化转变为"主动"监控，在报警发生的同时实时监视和记录事件过程。

热力图分析的本质——点数据分析。一般来说，点模式分析可以用来描述任何类型的事件数据（incident data），我们通过分析，可以使点数据变为点信息，可以更好地理解空间点过程，可以精准地发现隐藏在空间点背后的规律。让管理人员得到有效的数据支持，及时规避和疏导。

2. 应急指挥

应急指挥基于先进信息技术、网络技术、GIS 技术、通信技术和应急信息资源基础上，实现紧急事件报警的统一接入与交换，根据突发公共事件突发性、区域性、持续性等特点，以及应急组织指挥机构及其职责、工作流程、应急响应、处置方案等应急业务的集成。

同过音视频系统、会议系统、通信系统、后期保障系统等实现应急指挥功能。

3. 事后分析总结能力

通过事件的流程和发生的原因，进行数据分析，为事后总结分析提供数据支持，以防类此事件再次发生提供保障。

（四）用户的体验舒适

1. 客户提醒

通过广播和 LED 通过数字化连接，通过平台统一发放，能做到分区播放，不同区域不同提示，让体验度提高。

让客户在陌生的环境下能在第一时间通过广播系统和显示系统得到信息，摆脱困扰。

2. 信用体系

在平台数据提取的帮助下，建立各类信用体系，也对管理者提供了改进和针对性投入，从而规范市场规则。

（五）营销广告作用

通过各类数据提供，能提取有效的资源供给建设方或管理方，有针对性的进行宣传和营销，提高推广渠道。

不断关注营销渠道反馈的信息，能改善营销手段，有方向投入，提高销售效率，在线上线下发挥重要作用。

三、智慧平台行业广泛应用

依托互联网、无线网、物联网、GIS 服务等信息技术，将城市间运行的各个核心系统整合起来，实现物、事、人及城市功能系统之间无缝连接与协同联动，为智慧城的"感"、"传"、"智"、"用"提供了基础支撑，从而对城市管理、公众服务等多种需求做出智能的响应，形成基于海量信息和智能过滤处理的新的社会管理模式，是早期数字城市平台的进一步发展，是信息技术应用的升级和深化。

在平台的帮助下，各个建设方和管理方能有依有据，能做到精准投入，高效回报，提高管理水平，提升服务水平。

综上所述，当下随着建筑智能化系统的智慧化平台的应用发展，有效提升了建筑智能化运行管理水平，为人们的日常生活带来了非常大的便利。因此需要科技工作者与行业人员进一步加强建筑智能化系统的智慧化平台的应用研究，从而打造出更实用、更强大的智慧化应用平台，充分利用现代信息科技有效促进建筑行业实现更加平稳顺利的发展。

第八节　建筑智能化技术与节能应用

近些年来，伴随着我国经济科技的快速发展，人民生活水平的不断提高，对建筑方面的要求也变得越来越高。它已经不仅仅是局限于外部设计和内部结构构造，更重要的是建筑质量方面的智能化和节能应用方面。在这样的情况之下，我国的建筑智能化技术得到了快速发展并且普遍应用于我们的生活之中，给我们的生活产生的很大的变化和影响，获得了社会相关专业人员的认可以及国家的高度重视。在本节之中，作者会详细对建筑智能化的技术与节能应用方面进行分析。

随着信息时代的到来，我国的生活各个方面基本上已经进入了信息化时代，就是我们俗称的新时代。建筑行业作为科学技术的代表之一，也基本上实现了智能化，建筑智能化技术得到了广泛的应用，并且随着我国环境压力的增大，可持续发展理论的深入，人们对建筑的节能要求也变得越来越高。建筑行业不仅要求智能化技术的应用，在建筑节能方面的应用也是一个巨大的挑战。但是有挑战就有发展空间，在接下来的时间里，建筑智能化技术和节能应用会得到快速发展并且达到一个新的高度。

一、智能建筑的内涵

相较于传统建筑而言，智能建筑所涉及的范围更加宽广和全面。传统建筑工作人员可能只需要学习与建筑方面的相关专业知识并且能够把它应用到建筑物之中便可以了，而智能建筑工作人员若仅仅是有丰富的理论素养是远远不够的。智能建筑是一个将建筑行业与信息技术融为一体的一个新型行业，因为这些年来的快速发展受到了国际上的高度重视。简单来说：智能建筑就是说它所有的性能能够满足客户的多样的要求。客户想要的是一个安全系数高、舒服、具有环保意识、结构系统完备的一个整体性功能齐全，能够满足目前信息化时代人民快生活需要的一个建筑物。从我国智能建筑设计方面来定义智能建筑是说：建筑作为我们生活的一个必需品，是目前现代社会人民需要的必要环境，它的主要功能是为人民办公、通信等等提供一个具有服务态度高、管理能力强、自动化程度高、人民工作效率高心情舒服的一个智能的建筑场所。

由上面的相关分析可以得知，快速发展的智能建筑作为一项建筑工程来说，不仅仅是传统建筑的设计理念和构造了。它还需要信息科学技术的投入，主要的科学技术包括了计算机技术和网络计算，其中更重要的是符合智能建筑名称的自动化控制技术，通过设计人员的专业工作和严密的规划，对智能建筑的外部和内部结构设计、市场调查客户对建筑物的需要、建筑物的服务水平、建筑物施工完成后的管理等等这几个主要的方面。这几个方面之间有着直接或者间接的关系作为系统的组合，最终实现为客户提供一个安全指数高、服务能力强、环保意识高节能效果好、自动化程度高的环境。

二、应用智能化技术实现建筑节能化

在目前供人工作和生活的建筑中，造成能源消耗的主要有冬天的供暖设备和夏天的供冷消耗，还有一年四季在黑夜中提供光明的光照设施，其中消耗比较大的大型的家用电器和办公设备。比如说，电视机、洗衣机、电脑、打印机等等，另外在大型的建筑物中，最消耗能量的主要是一年都不能停运的电梯啊排污等等。如果这些设备停运或者不能够工作，那么就会给人民的生活和工作带来非常不利的影响。由此可见，要想实现节能目标，就必须有效的控制和管理好上面相关设备的应用。正好随着建筑的智能化的到来，能够有效地缩减能源的消耗，不但能使得建筑物中一些消耗能源高的设备达到高效率的运营，而且能实现节能化。

（一）合理设置室内环境参数达到节能效果

在夏天或者冬天，当人民从室外进入建筑物内部的时候，温度会有很大的落差。人民为了尽快保暖或者降温就会大幅度的调高或者调低室内的温度，因而造成了大量能源的消耗。因此，根据人民的这个建筑智能化系统就要做出反应，要根据人民的需求及时做出反应，根据室内室外的温度湿度等等进行调整最终实现节能的效果。

由于我国一些地方的季节变化明显，导致温度相差也很大，就拿北方来说，冬季阳光照射少，并且随常伴有大风等等，导致温度过低，也就有了北方特有的暖气的存在。因为室外温度特别低，从外面走了一趟回来就特别暖和，这时候人民就会调高室内的温度，增大供暖，长时间的大量供暖不仅造成了环境污染而且还消耗了大量的能源。根据相关数据可得，如果在室内有供暖的存在，温度能够减少一度，那么我们的能源消耗就能降低百分之十到百分之十五。这样推算下来，一家人减少百分之十到百分之十五的能源消耗，一百户人家能减少的能源消耗会是一个大大的数字，其中还不包括了大量的工作建筑物；夏天也是有相同的问题存在，室内温度调的过低造成能源消耗量过大，可能我们人体对于一度的温度没有太大的感受程度，可是如果温度能升高一度，那么能源消耗就能减少百分之八到百分之十中间。由此推算，全国的建筑物加在一起，只要室内温度都升高一度，那么我们就能降低一个很大数字的能源消耗，因此，需要建筑智能化需要能够合理地设置室内环境参数已达到节能的作用。

除了我们普遍的居民住楼建筑和工作场所建筑之外，还有一些特殊的建筑物的存在。比如说：剧院、图书馆等等。要根据人流和国家的规定对室内温度进行严密的控制和管理，不能够过高也不能够过低，从而致使能源消耗量过大，切实起到节能的作用。

（二）限制风机盘管温度面板的设定范围

一些客户可能会因为自身对温度的感受能力原因在冬天过高的提高温度面板，在夏天里过低的降低温从而超出了过天嗯标准限度。造成了能源的大量消耗，因此，为了达到节能，要对风机管的温度面板进行严格的限制，这时候就要运用到建筑的智能化应用了，采用自动化控制风机管温度面板，严格按照国家标准来执行。

（三）充分利用新风自然冷源

在信息快速发展的新时代里，要做到物用其尽，智能建筑要充分利用到自然资源来减少能源消耗，起到节能的目的。比如说可以充分利用新风自然冷源，不但可以降低我们的能源消耗，而且效率高，节能又环保。

在夏季的时候，早晨是比较凉快温度较低，并且新风量大，这个时候就可以关掉空调，打开室内的门窗，保持气流的换通。这样不但能够使室内保持新鲜的空气而且能减少空调的使用，给人民的生活带来舒适的同时又进行了节能，在傍晚的时分也可以进行相同的操作。另外在一些人流量比较大的建筑物内比如说商场、交通休息站等等地方，可能会因为人流量多，产生的二氧化碳浓度较高，这时候为了减少能源消耗，可以打开排风机，利用风流进行空气交换，达到一举两得的成效。最后，在一些办公建筑中，人民为了得到更加舒适的室内环境，会提前打开空调让室友进行提前降温，在下班之后一段时间再关掉。据相关数据可得，因为这样的情况造成了全天 20%-30% 的能源消耗。因此，为了节能减少能源消耗，一些办公建筑内的空调设备的打开和关闭时间要进行严格的管理和控制。

伴随着社会的发展，智能建筑不但融入了大量科学技术的应用。并且更加重视节能方面的应用，尽量地减少能源消耗，起到保护环境的作用，增加我国资源储备，智能建筑的发展要增加可持续发展理念实现为。打造一个安全性数高，舒服、自动化能力强的环境。

第九节 智能化城市发展中智能建筑的建设与应用

随着社会经济的发展和科学技术的进步，城市的建设已经不再局限于传统意义上的建筑，而是根据人们的需求塑造多功能性、高效性、便捷性、环保性的具有可持续发展的智能化城市。在智能化城市的建设与发展过程中，智能建筑是其根本基础。智能建筑充分将现代科学技术与传统建筑相结合，其发展前景十分广阔。该文从我国智能建筑的概念出发，介绍了智能建筑的智能化系统以及智能建筑的发展方向。

在当今的信息化时代，智能化是城市发展的典型特征，智能建筑这种新型的建筑理念随之产生并得到应用。它不仅将先进的科学技术在建筑物上淋漓尽致地发挥出来，使人们的生活和工作环境更加安全舒适，生活和工作方式更加高效，也在一定程度上满足了现代建筑的发展理念，部分实现智能建筑的绿色环保以及可持续的发展理念。

智能建筑最早起源于美国，其次是日本，随之许多国家对智能建筑产生兴趣并进行高度关注。我国对智能建筑的应用最早是北京发展大厦，随后的天津今晚大厦，是国内智能建筑的典型，被称为中国化的准智能建筑。虽然我国对智能建筑的研究相对较晚，但也已经形成一套适应我国国情发展的智能建筑建设理论体系。

智能建筑是传统建筑与当代信息化技术相结合的产物。它是以建筑物为实体平台，采用系统集成的方法，对建筑的环境结构、应用系统、服务需求以及物业管理等多方面开展优化设计，使整个建筑的建设安全经济合理，更重要的是它可以为人们提供一个安全、舒适、高效、快捷的工作与生活环境。

一、智能建筑的智能化系统

智能建筑的智能化系统总体上被称为 5A 系统，主要包括设备自动化系统（BAS）、通信自动化系统（CAS）、办公自动化系统（OAS）、消防自动化系统（FAS）和安防自动化系统（SAS），这些系统又通过计算机技术、通信技术、控制技术以及 4C 技术进行一体化的系统集成，利用综合布线系统将以上的自动化管理系统相连接汇总到一个综合的管理平台上，形成智能建筑的综合管理系统。

（一）BAS 系统

BAS 系统实际上是一套综合监控系统，具有集中操作管理和分散控制的特点。建筑物内监控现场总会分布不同形式的设备设施，像空调、照明、电梯、给排水、变配电以及消防等，BAS 系统就是利用计算机系统的网络将各个子系统连接起来，实现对建筑设备的全面监控和管理，保证建筑物内的设备能够高效化的在最佳状态运行。像用电负荷不同，其供电设备的工作方式也不相同，一级负荷采用双电源供电，二级负荷采用双回路供电，三级负荷采用单回路供电，BAS 系统根据建筑内部用电情况进行综合分析。

（二）FAS 消防系统

FAS 系统主要由火灾探测器、报警器、灭火设施和通信装置组成。当有火灾发生的时候，通过检测现场的烟雾、气体和温度等特征量，并将其转化为电信号传递给火灾报警器发出声光报警，自动启动灭火系统，同时联动其他相关设备，进行紧急广播、事故照明、电梯、消防给水以及排烟系统等，实现了监测、报警、灭火的自动化。智能化建筑大部分为高层建筑，一旦发生火灾，其人员的疏散以及救灾工作十分困难，而且建筑内部的电气设备相对较多，大大提升了火灾发生的概率，这就要求对于智能建筑的火灾自动报警系统和消防系统的设计和功能需要十分严格和完善。在我国，根据相关部门规定，火灾报警与消防联动控制系统是独立运行的，以确保火灾救援工作的高效运行。

（三）SAS 安防系统

SAS 系统主要由入侵报警系统、电视监控系统、出入口控制系统、巡更系统和停车库管理系统组成，其根本目的是为了维护公共安全。SAS 系统的典型特点是必须 24 小时连续工作，以保证安防工作的时效性。一旦建筑物内发生危险，则立即报警采取相应的措施进行防范，以保障建筑物内的人身财产安全。

（四）CAS 通信系统

CAS 系统是用来传递和运载各种信息，它既需要保证建筑物内部语音、数据和图像等信息的传输，也需要与外部公共通信网络相连，以便为建筑物内部提供实时有效的外部信息。其主要包括电话通信系统、计算机网络系统、卫星通信系统、公共广播系统等。

（五）OAS 办公系统

OAS 办公系统是以计算机网络和数据库为技术支撑，提供形式多样的办公手段，形成人机信息系统，实现信息库资源共享与高效的业务处理。OAS 办公系统的典型应用就是物业管理系统。

三、智能建筑的发展方向

（一）以人为本

智能建筑的本质就是为了给人们创建一个舒适、安全、高效、便捷的生活和工作环境。

因此，智能建筑的建设要以人为本。以人为本的建筑理念，从一定程度上是为了明确智能建筑的设计意义，明确其对象是以人为核心的。无论智能建筑的形式如何，也不管智能建筑的开发商是哪家，都需要依照以人为本的建设理念，才会将智能建筑的本质意义最大限度地发挥出来。

日本东京的麻布地区有一座新型的现代化房屋，该建筑根据大自然对房屋进行人性设计，充分体现了以人为本的特性。建筑物内有一个半露天的庭院，庭院内的感应装置能够实时监测外界天气的温度、湿度、风力等情况，并将这些数据实时传送至综合管理系统进行分析，并发出指令控制房间门窗的开关以及空调的运行，使房间总是处于让人觉得舒服的状态。同时，如果住户在看电视的时候有电话打进来，电视的音量会自动被调小以方便人们先通电话且不受外界影响。计算机综合管理系统智慧房屋内各种意义互相配合，协调运转，为住户提供了一个非常舒适与安全的生活环境。

（二）绿色节能

智能建筑利用智能技术能够为人类提供更好的生活方式和工作环境，但人类的生存必然与建筑紧密相关，其建筑行业是整个社会产生能耗的重要原因。因此，我国提倡可持续发展的战略思想，而绿色节能的建筑理念正好与可持续发展理念相契合。智能建筑作为建筑行业新兴产业的领头军，更应该与低碳、节能、环保紧密结合，以促进行业的可持续发展。智能建筑在利用智能技术为人类创造安全舒适的建筑空间的同时，更重要的是要实现人、自然与建筑的和谐统一，利用智能技术来最大限度地实现建筑的节能减排，促使建筑的可持续发展，这样才能长久地服务于人类，实现真正意义上的绿色与节能。

北京奥运会馆水立方的建设，充分利用了独特的膜结构技术，利用自然光在封闭的场馆中进行照明，其时间可以达到 9.9 个小时，将自然光的利用发挥到极致，这样大大节省了电力资源。同时，水立方的屋顶达能够将雨水进行 100% 的收集，其收集的雨水量相当于 100 户居民一年的用水量，非常适用北京这种雨水量较少的北方城市。水立方的建设，充分反映了节能环保的绿色建筑理念，在满足人们工作需求的同时，也满足了人们对于绿色生活和节能的全新要求。

智能化城市的发展离不开智能建筑的建设。智能建筑的建设应该充分利用现代化高科技技术来丰富完善建筑物的结构功能，将建筑、设备与信息技术完美结合，形成具有强大使用功能的综合性的建筑体，最大限度地满足人们的生活需求和工作需求。但智能建筑可持续发展的前提是要满足时代发展的要求，这就要求智能建筑在保证建筑功能完善的同时也要响应创建绿色节能环保的社会的要求，以实现建筑、人、自然长期协调的发展。

第五章　建筑工程项目管理概论

第一节　建筑工程项目管理现状

近年来，城乡建设发展速度不断提高，城乡居民生活水平与生活质量也得到了质的飞跃。作为人们赖以生存的主要场所，建筑行业迎来了发展机遇和挑战，机遇在于人们对建筑的需求不断增多，挑战在于人们对建筑质量的要求不断提高。建筑企业如何在此背景下得以快速发展，需加强建筑工程管理，保证工程施工安全，以此提升市场竞争力，最终建造出满足广大群众需求的建筑工程。

一、当前我国建筑工程管理中存在的问题

（一）施工管理工作落后

建筑工业属于劳动密集型产业，需要的劳动人员也较多，往往其自身的专业技能及应变能力会直接影响工程项目的施工，建筑工程施工人员与监理人员管理的不规范也是潜在隐患，导致施工单位和工程监理单位在分工方面存在不合理之处，更使得工作人员职责混乱且权责划分不清晰，更甚至施工单位投标文件承诺不能落实到实际操作中。另外，设备数量及机械化程度也会对工程项目的建设质量与效率带来直接影响，现场的机械化程度不高、机械老化、运行不佳，没有创新技术作为支撑，容易致使生产效率低下，许多施工企业为了追求最大利润而偷工减料，管理人员缺乏创新精神也导致施工过程的管理处于较低水平。

（二）安全责任意识相对薄弱

一方面，许多建筑工程的施工方或是承包方对于管理人员的安排和分工根本不重视，没有综合考虑到管理工作人员岗前培训的积极作用，直观表现为其管理人员素质偏低，难与相关规定要求相吻合，自身的管理职责也难以履行，随之而来的是建筑工程危险系数升高。另一方面，当今的建筑施工企业并没有制定科学合理的人员管理制度，人员管理机制不成熟、各部门间的配合不协调等情况出现，而且制定工期方面表现在不够注重工程的总体规划，在遇到工程项目是新结构形式的，也只凭主观臆断来制定措施，导致措施不得当。

（三）法规条例落后，管理机制有待完善

首先，建筑工程项目没有与相关法律法规和条例要求相吻合，实际执行的管理方法、管理模式与管理思想很难实现与时俱进，专业性和科学性严重缺失，对工程管理的约束性较差，没能形成良好的管理机制；其次，当前的建筑企业采购方式是大批量的集中采购，建设单位和供应商没有建立起长期稳定的合作关系，采购方式也较僵硬，缺少灵活性，对零星材料的频繁采购也会增加工程采购成本；再者，企业内部未足够重视工程控制，经常在结束任务后才检查，没有统计分析及量化计算，更未充分重视事前和事中控制。

二、结合现状对于我国的建筑工程管理展开优化

（一）重视建筑工程的综合性目标

在工程的建设过程中，对于工程的综合性的目标需要给予关注，在综合性目标的指引下，建筑工程的管理将会突破局限性，形成立体的发展模式。具体来说，在建筑的过程中，建筑管理人员需要秉持着明确的建设目标，对于工程的功能以及建成之后的效果进行关注。建筑工程的建设过程中，经济利益的实现仅仅是一个较为初期的过程，在建筑的使用过程中建筑的整体利益才能够得到最大化的体现。在综合目标的制定上，需要根据工程的不同阶段对于目标的内容进行调整，结合于工程建筑的不同方面，完善建筑的整体。其中，对于工程建设的周期，需要按照平均的标准结合具体的建设条件进行关注，以防出现仅为追求经济的效益，进行提前施工、赶工的状况。这会使得工程的建设质量难以得到保障，使得工程在使用的阶段中，需要投入更多的成本对于工程进行后期的完善。在材料的控制以及技术的选择上，需要根据工程的经济能力进行最优化的选择，将工程质量的提升作为管理的重点。建筑工程管理的压力比较大，涉及的内容和要素相对而言也比较多，对于人员数量的要求同样也比较大，如此也就需要在了解这一需求的基础上，有效安排较为充足的管理人员。

（二）提升管理的规范程度

工程管理的规范需要从管理的条例制定以及具体的管理行为，两个方面进行关注。在工程的建设中，管理的条例制定需要根据国家的相关标准，结合行业中的共同准则进行制定，为了确保工程建设的各个方面的协调发展，需要从国家管理准则的研究、行业共同标准的学习以及工程建设中特殊的情况与内容进行关注。在管理的框架制定上，需要根据以上的三种因素进行思考，将其中的各个方面因素进行综合以及协调。在管理工作的实施过程中，需要注意工作的力度，对于各个方面的工作也需要给予不同关注点。例如，在材料以及采购的管理上，需要经常进行市场信息的交换，对于材料的应用以及应用中存在的问题多方面的关注，及时的从管理的层面对于材料的应用展开关注。此外，在人员的约束过程中，需要关注管理人员自身行为的规范性，根据管理的原则以及管理工作中的具体情况，

及时的对于心态、行为等进行积极地调整。

（三）积极地进行管理以及宣传的工作

在管理宣传的过程中，管理人员需要结合施工人员以及其他各方面人员的具体情况进行宣传。施工人员的文化素养较为有限，因此在施工开始之前，工程的管理人员就需要对于施工人员的安全意识、敬业意识等各方面涉及管理的因素进行关注。在管理的具体过程中，管理人员与施工人员之间需要进行密切相互沟通，可以采取阶段式开展管理宣传课程的方式，对于人员的意识提升进行关注。值得管理人员进行注意的是，管理宣传的课程并非是仅仅应用于宣传管理理念以及管理的规则。在宣传的课程中，还需要关注各个方面人员的协调等，应用管理的课程使得各个方面的人员之间能够达成沟通与交流。因此宣传课程，也有一定交流平台的作用，管理人员可以在其中进行意见的收集，根据不同的意见对于工作进行调整。

（四）提升管理人员的素质

管理人员素质的提升需要采取两种具体的方式，其一，在管理的过程中将目前管理人员的综合素质进行提升，针对具有不同背景的人员，需要使用不同的措施，通过针对性的训练、知识的培养等提升其能力。其次，在整体上促进人员结构的调整，目前的高校中工程建筑管理的相关专业每年有大量的毕业人员，工程单位需要结合人员的个人素质以及综合的知识能力，进行择优录用。由于这部分出身于科班的管理人员具有完整的知识结构以及知识的系统，在人员的应用中需要进行多个方面的应用，管理的具体细节工作、管理的相关宣传工作，都需要这部分人员的参与，在此过程中，根据人员的工作成果以及工作的能力进行及时的提拔、。在建筑工程管理工作落实中，为了更好提升管理价值，从管理人员入手进行完善优化同样也是比较重要的一环，其需要综合提升管理人员的素质和能力，确保其具备较强的胜任能力，有效提升建筑工程施工管理水平，避免产生自身失误。在建筑工程管理人员培训工中，需要首先加强对于职业道德的教育，确保其明确自身管理工作的必要性和重要价值，如此也就能够更好实现对于建筑工程管理工作的高效认真落实，避免履行不彻底现象。从建筑工程管理技能层面进行培训指导也是比较重要的一点，其需要确保相应施工管理人员能够熟练掌握最新管理技能，创新管理理念，在降低自身管理压力的同时，将建筑工程管理任务落实到位。

综上，建筑工程管理是建筑施工企业健康发展的基础，只有切实做好建筑工程管理工作，才能保证建筑工程效益的可持续增长。然而就目前建筑工程管理现状不容乐观，因此需要相关人员引起高度重视，并从法律体系的完善、进度管理等几个方面入手，做好建筑工程管理工作，促进建筑企业的进一步发展。

第二节　影响建筑工程项目管理的因素

对建筑项目而言，建筑工程项目管理在整个建筑项目中起着举足轻重的作用。建设工程项目管理应坚持安全质量第一的原则，以合同管理作为规范化管理的手段，以成本管理作为管理的起点，以经济以及社会利益作为管理的最终目标，进而全方位地提升建筑项目的施工水平。

建筑工程项目管理是建筑企业进行全方位管理的重中之重。完善建筑工程项目管理工作，能够保障建筑工程项目更加顺利地进行，使企业的经济效益得到最大的保障，实现企业效益的增长。

一、工程项目管理的特点

（一）权力与责任分工明确

在进行建筑工程项目管理时，管理任务主要分为权力与责任两部分。将建筑工程项目整体中各个阶段的责任与义务，通过规范化合同来进行分配明确项目各个阶段的责任与义务。而且还需要在具体的工程项目施工过程中对其进行严格的监督与管理。为了能够更好地达到项目管理的目标，在进行相关的建筑工程项目管理工作时，还需要明确相关管理工作人员的权力与责任，使其对于自己的权力与责任分配有一个清晰的了解，能够更好地开展项目管理工作。

（二）信息的全面性

建筑工程项目管理涉及建筑工程的全过程，所以在进行项目管理时涉及的管理内容复杂而且繁多。因此，必须从全方位的角度去了解整个施工过程，防止信息的遗失和缺漏。

（三）明确质量以及功能标准

在进行建筑工程项目管理时，需要对建筑工程的质量以及功能标准具有明确的规定，使得建筑工程项目在规定的标准以及范围内及时地完成。

二、工程项目管理的影响因素

（一）工程造价因素

建筑工程的造价管理是建筑工程项目管理中的重要环节。建筑工程的成本的管理与控制对整个建筑工程的直接收益具有重要影响。现如今，有些施工企业对施工过程时所需要采购的原材料以及其他的资源都没有进行合理的造价控制，使得整个建筑工程的成本投入以及成本的利用效率大大降低，而且还会出现资金的利用超出成本范围的情况。这些情况对于建筑工程企业的整体经济效益的影响是非常巨大的。且目前市场上某些造价管理人员综合技术水平不高，也就不能有效地掌控整个项目的综合成本。

（二）工程进度控制因素

为保证建筑工程项目及时完工，建筑工程进度控制非常重要。但并不是所有的建筑施工企业对工程进度的控制都非常重视，在某些企业当中对于工程进度的控制缺乏科学的管理，使得整个工程项目的正常进度都受到影响，不能够按时完工。建筑工程施工的过程中，需要建筑企业的多个部门进行协同合作，如果各部门之间不能合理及科学地交流以及合作，那么整个施工过程的有序性就会产生一定的影响。另外，一定要强化对施工过程的监管力度，否则项目可能不能按时完成。

（三）工程质量因素

建设施工过程中，某些施工企业为了能节省施工成本，满足自身的利益，未对过程中所需要用到的工程材料进行严格的审核，采用一些质量不达标的材料。这些不合格的建筑工程材料对于建筑工程的质量产生危害，使得许多建筑工程项目出现返工。除此之外，若对项目中出现的纰漏以及谋取私利的现象监管不力，工程质量管理工作就得不到应有的效果。

（四）工程安全管理因素

建设工程中，安全管理有时没有得到足够的重视。许多建筑施工企业的安全管理理念不够充足，工程施工人员的安全意识不强，因而导致项目中出现很多的安全隐患，对于建筑工程施工项目管理来说产生了重要影响。

三、提高工程项目管理水平的措施

（一）加强工程成本控制

为确保成本管理工作能够正常以及高效的进行，项目管理方需制定严格的规章制度，然后结合具体的施工情况以及企业的情况来对规章制度进行有效的监督以及管理。通过对施工费用与预算的对比过程中来逐渐地提高对施工成本的利用效率，将建筑施工场地打造成节约环保以及高效的施工场地，增加建筑企业的经济效益。同时挑选经验丰富的造价管理人员对项目进行造价管理，做好造价管理人员和施工人员的对接工作，实现项目的成本可控。

（二）加强工程进度管理

在具体项目中，项目经理需要根据项目的进展情况进行详细的计划，制定项目进度计划表，压缩可以压缩的工期，并考虑合理的预留时间。这样如果面临突发问题时，可以降低项目不能按时完成的风险。同时保证施工工作人员的自身素质以及工作水平，使之适应于社会的发展。同时，在项目进行过程中，业主需要根据合同约定按时支付进度款，以保证施工工作人员的积极性，使项目按时按量地完成。

（三）加强工程质量以及安全管理

建筑工程质量是建筑工程项目的重要考察目标之一，确保建筑工程的建筑质量，对于建筑企业的品牌效应以及企业未来的发展具有重要的作用。所以我们要在建筑施工过程当中通过对建筑工程施工过程的管理以及建筑施工材料等等的管理与控制来达到对建筑工程质量的控制。除此之外，可以通过开展每周一次的安全督查讲座，促进建筑施工过程中的安全管理，使建筑施工能够达到无风险施工。加强建筑工程的质量以及建筑工程安全管理对于建筑工程项目的管理都具有重要作用，能够提高建筑工程项目管理的效率以及提高建筑企业的口碑。

（四）实行项目管理责任制度

在进行建筑工程项目管理时，因为建筑工程项目所涉及的细小的项目工程非常多，所以在进行管理工作时，一定要加强项目管理责任制和项目成本监管的落实力度，确保其能够在项目管理的过程中起到实际的作用。

对于复杂且时间紧迫的工程项目，可采用强矩阵式的项目管理组织结构，由项目经理一人负责项目的管理工作，企业各职能部门作后台技术支撑，充分高效地利用人力资源。依据不同的项目特征，采取不同的项目管理组织结构。

（五）加强管理人员监督机制

需加强项目管理工作人员的监管力度，并建立起完善的奖惩机制，使项目各部门工作人员能够按照项目管理的规章制度完成各项工作。

（六）加强工程项目的信息管理

通过一些信息管理软件（例如P3、BIM）对整个项目流程进行可视化管理。

建立信息共享平台，可以通过信息共享平台进行招投标管理、合同管理、成本控制、设计管理等等。根据项目的规模，可选择是否选用BIM对整个项目进行建模，常规的二维设计图纸更多地可以清晰反映项目的平面建设情况，但若对整个建设项目进行BIM建模，通过碰撞检查对项目进行纵向沟通，确保了设计和安装的精准性，减少不必要的返工。

综上所述，项目管理人员可以从质量、进度、成本、安全、信息全面把控整个建筑工程的项目进程。建筑企业可以制作一套详细的可操作性强的指导手册，以便查阅和自检。

随着建筑市场的不断发展，建筑企业之间的竞争压力越来越大，所以为了能够在激烈的建筑市场当中取得一席之地，建筑企业需要对自身的各项工作进行仔细地分析以及探索。增强建筑项目的项目管理对于建筑企业来说是一项非常重要的工作，能够使其在激烈的竞争环境当中保持自身的竞争优势，使企业能够快速稳步发展。

第三节　建筑工程项目管理质量控制

质量控制一直是建筑工程项目管理中的一个重要内容，同时也是保障整个工程施工质量的关键环节之一。为了使质量控制工作能够更好地发挥效用，笔者从发现问题与找出对策为目标，从以下几个部分着手开展了建筑工程项目管理质量控制分析。

当前，在我国建筑工程项目管理质量控制有关部门和相关企业的共同努力下，已经形成了集"事前准备""事中管控""事后检查"于一体的建筑工程项目管理质量控制的理论体系。这为建筑工程项目管理质量控制工作的展开提供了可靠的参照标准。那么，这一体系具体都包括哪些内容呢？笔者将首先对此进行简要的概括说明。

一、建筑工程项目管理质量控制的工作体系

通过查阅相关资料并结合实际情况可知，建筑工程项目管理质量控制的理论体系主要包含三个方面的内容。第一，事前准备，即建筑工程项目施工准备阶段的质量管控。该部分主要由技术准备（如工程项目的设计理念与图纸准备、专业的施工技术准备等）和物质准备（如原材料及其他配件质量把关等）两个层面的质量控制要素。这种事前的、专业的质量控制，能够很好地保证建筑工程项目施工所需技术及物质的及时到位，为后续现场施工作业的顺利进行奠定基础。第二，事中控制，即施工作业阶段的质量控制。施工阶段，需要技术工人先进行技术交底，然后根据工程施工质量的要求对施工作业对象进行实时的测量、计量，以从数据上进行工程质量的控制。此外，还需要相关人员对施工的工序进行科学严格的监督与控制。通过建筑工程项目施工期间各项工作的落实，不仅有利于更好的保障工程项目的质量，同时也有利于施工进度的正常推进。第三，事后检查，即采用实测法、目测法和实验法，对已完工工程项目进行质量检查，并对工程项目的相关技术文件、工程报告、现场质检记录表进行严格的查阅与核实，一切确认无误后，该项目才能够成功验收。通过上述内容不难发现，建筑工程项目管理质量控制贯穿于整个工程项目管理的始终，质量控制的内容多且细致，且环环相扣，缺一不可。

二、建筑工程项目管理质量控制的常见问题

（一）市场大环境问题

当前，建筑工程行业基层施工作业人员能力素养水平参差不齐是影响建筑工程项目管理质量控制出现问题的一个重要原因。基层施工作业群体数目庞大且分散，因此，本身就存在管理难的问题。加之缺少与专业质量控制人员面对面，一对一的有效沟通机会，且培训成本大，施工人员不愿担负培训费用，因此，无法很好地通过组织学习来帮助其提升自身。这种市场大环境中存在的现实问题，是质量控制人员根本无法凭借一己之力去改变的。概括来说，建筑工程项目管理质量控制。

（二）单位协同性问题

质量控制工作有时是需要几个不同的部门通过分工协作来完成的。在建筑工程行业，许多项目都是外包制的，而外包单位的部分具体施工作业环节，质量控制人员无法很好的参与进去，因此质量控制工作存在着一定难度。且一旦其他协作部门中间工作未能良好衔接或某个部门履职不到位便会出现工程质量问题。

（三）责任人意识不强

随着我国教育条件的不断完善，国民的受教育水平也不断提高，这为建筑工程项目管理质量控制领域提供了许多专业的高素质人才。所以从总体上来看，大多数质量控制人员无论在专业能力上，还是在责任意识强都是比较强的。尽管如此，个别人员责任意识弱、不能严守岗位职责的不良现象仍然存在，导致建筑工程项目存在质量隐患。

三、建筑工程项目管理质量控制的策略分析

（一）借助市场环境优势，鼓励施工人员提升自我

市场大环境给建筑工程项目管理质量控制的不利影响在短时间内是无法完全规避的，因此，我们要借助市场本身优势，尽可能的扬长避短。优胜劣汰是市场运行的自然法则，要想拿到高水平的薪资，就必须要有相应水平的实力，且市场中竞争者众多，若止步不前，终将被市场所淘汰。基于此，建筑工程项目管理质量控制部门可以适度提高对施工队伍及个人专业素养的要求，设置相应的门槛，但也要匹配以相应的薪资，从而鼓励施工人员为适应工程要求而进行自主的学习与技能提升。这样，不但可以解决施工人员培训问题，也可以为建筑工程项目质量控制提供便利。

（二）明确划分责任范围，推进质量控制责任落实

在多部门共同负责建筑工程项目管理质量控制工作的情况下，可以尝试从以下几点着

手。首先，各部门至少要派一人参与关于建筑工程项目质量标准的研讨会议，明确项目质量控制的总体目标及其他要求。其次，要对各部门的质量控制职责范围进行明确的划分，并形成书面文件，为相关质量控制工作的展开与后续可能出现的责任问题的解决提供统一的参照依据。最后，可以根据建筑工程项目管理质量控制体系，将每个环节的质量控制责任落实到具体负责人。通过明确划分责任范围来促使质量控制责任的落实。

（三）优化奖励惩处机制，加强质量控制人员管理

建筑工程项目管理质量控制是一项复杂、艰辛的工作，因此，对于质量控制中付出多、贡献多的人员要给予相应的奖励与支持，以表达对质量控制人员工作的认可，使其能够更好地坚守职责，鼓励其将质量控制的成功经验传授下去，为质量控制效果的进一步提升做好铺垫。对于质量控制中个别工作态度较差、责任意识薄弱的人员，要及时指出其不足，并给予纠正和相应的惩处，以正建筑工程项目管理质量控制的工作风气，为工程质量创建良好的环境。

现阶段，虽然我国已经形成了比较完整的建筑工程项目管理质量控制体系，但由于受到建筑工程管理项目要素内容多样、作业工序复杂、涉及人员广泛等现实条件的影响，该体系的落实往往存在一定的难度，使得建筑工程项目管理质量控制存在着许多的问题，这给整个建筑工程项目的顺利高效进行造成了阻碍。基于此，笔者从市场环境、部门协调、人员奖惩三个方面提出了关于清除上述阻碍的建议。希望能够通过更多同业质量控制人员的不断交流与探究，可以让建筑工程项目管理质量控制更加高效，可以让工程项目质量得到保证。

第四节　建筑工程项目管理的创新机制

建筑施工企业从建筑工程项目的开始筹备到实地施工需要根据自身的企业发展战略和企业内外条件制定相应的工程项目施工组织规范，需要进行项目工程的动态化管理，并且要根据现行的企业生产标准进行项目管理机制的优化、创新。从而实现工程项目的合同目标的完成，企业工程效益的提升与社会效益的最大化体现。本节将简要分析建筑工程项目管理创新机制，阐述项目管理的创新原则和方案，以供建筑业同仁参考交流。

建筑工程施工现场是施工企业的进行生产作业的主战场，对项目管理进行优化、创新不仅可以确保建筑工程项目如期或加快完成，还可以提高施工企业管理人员的管理水平，提高施工企业的经济效益，更加可以提升施工企业的企业形象。传统的工程项目管理机制已经不能满足业主方的施工要求，管理人员冗余、施工机械设备资源配置过剩或不足、生产工人素质和专业水平较低现象十分明显。针对这种情况，作为施工企业的相关管理人员我们必须对工程项目管理提出更加严苛的要求，加快项目管理的优化创新工作，从而对施

工管理体制进行深化改革。

一、更新管理观念，转换管控制度

传统的建筑工程项目管理制度一般是"各做各的活，各负各的责"，施工企业工程项目部分为预算科、管理科、技术科、资料科、实验科，极大科室对于项目管理各尽所能，只管好自己的一方土地，不操心项目管理的整体布局，这样管理的结果就是管控人员的资源浪费、管理效果极低、管理场面十分混乱。针对这种情况，我们应该及时更新管理观念，转换项目管控制度，设立建筑工程市场合同部、工程技术部、施工管理部。让三个部门整体管辖整个施工过程，分工明确也需要工作配合，从而达到项目管理的现场施工进步、技术、质量、安全、资源配置、成本控制的全面协调可控发展。彻底改变以往的"管干不管算、管算不管干"的项目管理旧局面，提高施工企业的经济效益和施工水平。

二、实行项目管理责任个人承担

整体的建筑工程分项、单项工程较多，在项目管理方面施工管理难度较大。施工企业项目管理人员通常存在几个人管理一个项目、一个人管理几个工程单项项目的现象，等到工程出现质量问题或者施工操作问题时，责任划分不明确，没有人主动站出来承担这个项目的问题责任。造成这种现象的原因是管理制度的缺失，所以，积极推行项目管理责任个人承担制度，对项目管理实施明确的责任划分，逐渐完善工程项目施工企业内部市场机制、用人机制、责任机制、督导机制、服务机制，通过项目经理的全面把控，确保工程项目管理工作的有效开展。

三、建立健全"竞、激、约、监"四大管理机制

工程项目管理部门在外部人员看来是一个整体，在内部我们也需要制定一套完善的竞争、激励、约束和监督制度，进行内部人员的有效管理，打造一支一流的项目工程管理队伍。完成管理队伍建设的目标，我们首先要建立内部竞争机制，实行竞争上岗，通过"公平、公正。公开"的竞争原则不断引入优秀的管理人才，完善和提高管理水平；第二要建立人员约束制度，"没有规矩不成方圆"，有了约束制度才能让内部人员实现高效率工作，并且与此同时还要明确项目工程管理的奖惩制度，促使相关人员严格按照技术标准和规范规程开展项目管理工作；第三需要建立监督机制，约束只是制度方面，监督才是反映管理水平的真正方式。强有力的监督机制对于人员工作效率和机械使用效率有着质的提高，并且监督工作的开展可以确保人员施工符合施工要求，确保工程项目的安全、顺利、如期完成。

四、加强工程项目成本和质量管理力度

建筑工程项目管理的核心工作是工程成本管理，这是施工企业经济效益的保障所在。所以，作为施工企业我们在进行项目管理工作的优化创新时，需要建立健全成本管理的责任体系和运行机制，通过对施工合同的拆分和调整进行项目成本管理的综合把控，从而确定内部核算单价，提出项目成本管理指导计划，对项目成本进行动态把控，对作业层运行成本进行管理指导和监督。并且，项目经理和项目总工以及预算人员需要编制施工成本预算计划，确定项目目标成本并如是执行，还需要监督成本执行情况，进行项目成本的总体把控。

项目质量管理方面，作为施工企业我们应该加强对施工人员的工程质量重要性教育，强化全员质量意识。建立健全质量管理奖罚制度，从意识和实操两方面保证项目工程施工质量管理工作的切实开展。为了确保项目质量的如实检测，我们需要加强项目部质检员的责任意识和荣誉意识，建立健全施工档案机制，落实国家要求的质量终身责任制。

五、提高建筑工程项目安全、环保、文明施工意识

作为施工企业，我们应该始终把"安全第一"作为项目管理的基础方针，坚实完成"零事故"项目建设目标，提高管理人员和施工人员的安全施工意识，并且要响应国家的绿色施工、环保施工的要求，积极落实工程项目文明施工的施工制度，创建出一个安全、环保、文明的工程建筑工程施工现场。

总的来说，积极推行建筑工程项目管理的创新机制，在确保施工企业经济效益不断提升的同时，贯彻落实国家对建筑工程施工企业的发展要求，积极打造文明工地、环保工地、安全工地，为建筑方提供高质量、无污染的绿色建筑工程。

第五节　建筑工程项目管理目标控制

建筑工程项目管理计划方案，对项目管理目标控制理论的科学合理应用至关重要。当前，我国建筑工程项目管理方面存在相应的不足与问题，对建筑整体质量产生不利影响，同时对建设与施工企业经济效益产生影响。因此，本节通过对建筑工工程项目管理目标控制做出分析研究，旨在可以推动项目管理应用整体水平稳定良好发展提升。

随着国家综合实力以及人们生活质量的快速提升，社会发展对建筑行业领域有了更为严格的标准，特别是关于建筑工程项目管理目标控制方面。现阶段，我国建筑企业关于项目管理体制以及具体运转阶段依然有着相应的不足和问题，对建筑整体质量以及企业社会与经济效益产生相应的负面影响。若想使存在的不足和问题获得有效解决，企业务必重视

对目标控制理论的科学合理运用，对项目具体实施动态做出实时客观反映，切实增强工作效率。

一、建筑工程项目管理内涵

针对建筑工程项目管理，其同企业项目管理存在十分显著的区别和差异。第一，建筑工程项目大部分均不完备，合同链层次相对较为烦琐复杂，同时项目管理大部分均为委托代理。第二，同企业管理进行对比，建筑工程项目管理相对更加烦琐复杂，因为建筑工程存在相应的施工难度，参与管理部门类型不但较多且十分繁杂，实施管理阶段有着相应的不稳定性，大部分机构位于项目仅为一次性参与，导致工程项目管理难度得到相应的增加。第三，因为建筑项目存在复杂性以及前瞻性的特点，致使项目管理具备相应的创造性，管理阶段需结合不同部门与学科的技术，使项目管理更加具有挑战性。

二、项目管理目标控制内容分析

（一）进度控制

工程项目开展之前，应提前制定科学系统的工作计划，对进度做出有效控制。进度规划需要体现出经济、科学、高效，通过施工阶段对方案做出严格的实时监测，以此实现科学系统规划。进度控制并非一成不变，因为施工计划实时阶段，会受到各类不稳定因素产生的影响，以至于出现搁置的情况。所以，管理部门应对各个施工部门之间做出有效协调，工程项目务必基于具体情况做出科学合理调整，方可保证工程进度可以如期完成。

（二）成本规划

项目施工建设之前，规划部门需要对项目综合预期成本予以科学分析哦安短，涵盖进度、工期与材料与设备等施工准备工作。不过具体施工建设阶段，因为现场区域存在的材料使用与安全问题等不可控因素产生的影响，致使项目周期相应的增加，具体运作所需成本势必同预期存在相应的偏差。除此之外，关于成本控制工作方面，在施工阶段同样会产生相应的变化，因此需重视对成本工作的科学系统控制。首先，应该对项目可行性做出科学深入分析研究；其次，应该对做出基础设计以及构想；最后，应该对产品施工图纸的准确计算与科学设计。

（三）安全性、质量提升

工程项目施工存在的安全问题，对工程项目的顺利开展有着十分关键的影响与作用。因为项目建设周期相对较长，施工难度相对较大，技术相对较为复杂等众多因素产生的影响，建筑工程存在的风险性随之相应的增加。基于此，工程项目施工建设阶段，务必重视确保良好的安全性，项目负责单位务必注重对施工人员采取必要的安全教育培训，定期组织全体人员开展相应的安全注意事项以及模拟演练，还需重视度对脚手架施工与混凝土施工等方面的重点安全检查，确保人员人身安全的同时，提高施工整体质量。此外，对施工材料同样应采取严格的质量管理以及科学检测，按照施工材料与设备方面的有关规范，对材料质量标准做出科学严格控制，以防由于施工材料质量方面的问题对项目整体质量产生不利影响。

三、项目管理目标控制实施策略分析

（一）提高项目经理管理力度

建筑工程项目管理目标控制阶段，有关部门需重视对项目经理的关键作用予以充分明确，位于项目管理体系之中，对项目经理具备的领导地位做出有效落实，对项目目标系统的关键影响与作用加以充分明确，并基于此作为设置岗位职能的关键基础依据。比如，城市综合体工程项目施工建设阶段，应通过项目经理指导全体人员开展施工建设工作，同时通过项目经理对总体目标同各个部门设计目标做出充分协调。基于工程项目的具体情况，对个人目标做出明确区分，并按照项目经理对项目做出的分析判断，对建设中的各种应用做出有效落实。在招标之前，对项目可行性做出科学系统的深入分析研究，同时完成项目基础的科学设计与合理构想。

（二）确定落实项目管理目标

因为规划项目成本需对项目可行性做出科学系统的深入分析研究，同时严格基于具体情况做出成本控制计算。工程开始进行招标直至施工建设，各个关键节点均需项目管理组织结构通过项目经理的管理与组织下，在正式开始施工建设之前，制定科学系统的项目总体计划图。通常而言，招标工作完成之后，施工企业需根据相应的施工计划，对项目施工建设阶段各个节点的施工时间做出相应的判断预测，并对施工阶段各个工序节点做出严格有效落实。施工阶段，强化对进度的严格监督管理，进度中各环节均需有效落实工作具体完成情况。若某阶段由于不可控因素产生工期出现拖延的情况，应向项目经理进行汇报。同时，管理部门与建设单位之间做出有效协调，并对进度延长时间做出推算，并对额外产生的成本做出计算。在下一阶段施工中，应确保在不对质量产生影响的基础上，合理加快施工进度，保证工程可以如期交付。施工建设阶段，项目经济需要重点关注施工进展情况，对项目管理目标做出明确，并具体工作加以有效落实。

（三）科学制定项目管理流程

科学制定项目管理流程，对项目管理目标控制实施有着十分重要的影响。首先，以目标管理过程控制原理为基础，在工程规划阶段，管理部门应事先制定管理制度、成本调控等相应的目标计划，加强工期管理以及成本维控，并对目标控制以及实现的规划加以有效落实。建筑企业对计划进行执行阶段，项目目标突发性和施工环境不稳定因素势必会对其产生相应的影响，工程竣工之后，此类因素还可能对项目目标和竣工产生相应的影响。所以，针对项目施工建设产生的问题，有关部门务必及时快速予以响应，配合建筑与施工企业对工程项目做出科学系统的分析研究，对进度进行全面核查与客观评价，对于核查的具体问题需要做出的适当调整与有效解决，尽可能降低不稳定因素对工程可靠性产生的不利影响，降低对工程目标产生的负面影响。除此之外，建筑企业同样需对有关部门开展的审核工作予以积极配合，构建科学合理的奖惩机制，对实用可行的项目管理目标控制计划方案予以一定的奖励。同时，构建系统的管理责任制度，对施工建设阶段产生的问题进行严格管理。

综上所述，近些年，随着建筑行业的稳定良好发展，关于建筑工程项目管理目标控制的分析研究逐渐取得众多行业管理人员的广泛学习与充分认可。针对项目管理管理，如何加强成本、项目以及工期等控制，属于存在较强系统性的课题，望通过本节的分析可以引起有关人员的关注，推动项目管理应用整体水平得以切实提升，推动建筑工程项目的稳定良好发展。

第六节　建筑工程项目管理的风险及对策

随着近年来我国社会经济发展水平的不断提升，建筑行业也取得了极为显著的发展，建筑工程的数量越来越多，规模也越来越大，这对于我国建筑市场的繁荣和城市化进程的推进都起到了积极的作用，但是在不断发展的同时，自然也面临着一些问题，就建筑工程本身来说，它存在着一定的危险性，因此说对建筑工程进行项目管理是很有必要的，就当前的发展状况来看的话，项目管理当中也相应地存在着一些风险问题，而为了保证建筑工程可以实现顺利安全施行的话，必须要根据这些风险问题及时地进行对策探讨。

对于建筑工程的建设来说，项目管理是其中极为重要并且不可或缺的部分，在进行项目管理的过程当中总是会遇到一些风险问题，那么该如何来应对这些风险便成为一个很重要的问题，对项目管理风险的解决将会直接的关系到建筑工程项目的运行效果和整体的施工质量，而风险所包含的内容是很多的，比如说建筑工程的技术风险、安全风险和进度风险等等方面的内容，这些部分都是和建筑工程项目本身息息相关的，因此说采取积极的对策来对风险进行解决，也是极为必要的。

一、建筑工程项目管理的风险

（一）项目管理的风险包含哪些方面

为了保证建筑工程可以高质量地完成，在实际的施工过程当中需要对建筑工程进行项目管理，建筑工程项目的具体的施工阶段总是会面临着很多不确定的因素，这些因素的集合也就是我们所常说的建筑工程项目管理风险，比如就拿地基施工来说，如果在建筑工程的具体施工过程当中没有进行准确的测量，地基的夯实方面不合格，地基承载力不符合相关的设计要求等的因素，类似这些状况都是建筑工程项目管理当中的风险，这些风险的存在会直接导致施工质量的不合格，并且还可能会诱发出一些相关的安全事故，导致人们的生命财产安全受到威胁，所产生的问题是不容小觑的。

（二）项目管理的风险的特点

就建筑工程本身的性质来说就存在着诸多风险因素，比如说工程建设的时间比较长，工程投资的规模比较大等等，而就建筑工程项目管理的风险来说，它的特点也是比较显著的，首先来说项目管理当中的诸多风险因素本身就是客观存在的，并且很多的风险问题还存在着不可规避性，比如说暴雨、暴雪等恶劣天气因素，因此需要在建筑过程当中加强防御，尽可能地减少损失，由于这样的客观性，所以说项目管理的风险同时还有不确定性，除了天气因素之外，施工环境的不同也会导致项目管理风险，因此说在进行项目管理的时候需要就相关的经验来加以进行，提前的进行相关防护，利用先进的科技手段对可能会造成损失的风险进行预估，提前采取措施来降低风险造成的损失。

二、针对风险的相关对策探讨

（一）对于预测和决策过程中的风险管理予以加强

在建筑工程正式投入到施工之前总是要经过一个投标决策的阶段，在这个阶段企业就要对可能会出现的风险问题加以调查预测，每个建筑地的自然地理环境总是会相应的存在着差异的，所以说要对当地的相关文件进行研究调查，主要包括当地的气候、地形、水文及民俗相关等有关的部分，然后在这个基础上将有关的风险因素予以分类，对那些影响范围比较大并且损失也较大的风险因素加以研究，然后依据于相关的工程经验来相应的制定出防范措施，提出适合的风险应对对策等。

（二）对于企业的内部管理要相应加强

在对建筑工程进行项目管理的过程当中，有很多的风险因素是可以被适时地加以规避和化解的，对于不同类型的建筑工程，企业需要选派不同的管理人员，比如说对于那些比较复杂的工程和风险比较大的项目来说，则要选派工作经验较为丰富且专业技术水平比较强的人员去加以进行，这样对于施工过程当中的各项工作都可以进行有效的管理，加强各个职能部门对于工程项目本身的管理和支持，对于相关的资源也可以实现更加优化合理的配置，这样一来就在一定的程度上减少了一定的项目管理风险的出现。

（三）对待风险要科学看待有效规避

在对建筑工程进行项目管理的时候，很多风险本身就是客观存在的，经过不断的实践也对其中的规律性有所掌握，所以说要以科学的态度来看待这些风险问题，从客观规律出发来进行有效的预防，尽可能地达到风险规避的目的，这样一来即使是那些不可控的风险因素，也可以将其损失程度降到最低，而在对这些风险问题加以规避的过程当中，也要合理地进行法律手段的应用，从而得以对自身的利益加强保护，以减少不必要的损失。

（四）采取适合的方式来进行风险的分散转移

对于建筑工程的项目管理来说，其中的风险是大量存在的，但是如果可以将这些风险加以合理的分散转移的话，那么就可以在一定的程度上降低风险所带来的损害，在进行这项工作的时候，需要采取正确的方式来加以进行，比如说联合承包、工程保险等的方式，通过这些方法来实现风险的有效分散。

综上，近年来随着我国城市化进程的不断深化，建筑工程的建设也取得了突出的发展，而想要确保建筑项目顺利进行的话，那么对于建筑工程进行项目管理是很必要的一个部分，这对于建筑工程的经济效益和施工质量等方面都会在一定的程度上产生影响，也可以关系到人们的人身安全等，所以说需要对其加强重视程度，不可否认的是，在当前的建筑工程项目施工当中仍旧存在着一些风险，如果不能将这些风险及时的加以解决的话，那么将会产生一定的质量和经济损失，因此必须要正确的采取回避、转移等措施，来有效的降低风险所产生的概率。

第七节　BIM技术下的建筑工程项目管理

在现代建筑领域中，BIM技术作为一种管理方式正得到广泛的应用，这一管理方式主要依托于信息技术，对工程项目的建设过程进行系统性的管理，改变了传统的管理理念及管理方式，并将数据共享理念有效地融入进去，提高了整个流程的管理水平。鉴于此，本节从基于BIM技术下的建筑工程项目的管理内容入手，对BIM建筑工程项目管理现状及相关措施等方面的内容进行了分析。希望通过本节的论述，可以为相关领域的管理人员提供有价值的参考。

在我国社会经济的发展过程中，离不开建筑行业的发展，建筑工程是促进我国国民经济增长的重要基础。而在建筑工程项目的建设过程中，工程项目管理一直是保障工程建设质量的重要环节。长期实践表明，利用BIM技术能够有效完成建筑工程项目管理中的各项工作。下面，笔者结合我国建筑工程项目管理的实际情况，对基于BIM技术的工程项目管理展开分析。1、BIM技术工程项目管理的必要性

一、全流程管理、打破信息孤岛

在项目决策阶段使用BIM技术，需要对工程项目的可行性进行深入的分析，包括工

程建设中所需的各项费用及费用的使用情况，都进行深入的分析，以确保能够做出正确的决策。而在项目设计阶段，利用 BIM 技术，主要工作任务是设计三维图形，将建筑工程中涉及的设备、电气及结构等方面进行深入的分析，并处理好各个部位之间的联系。在招标投标阶段，利用 BIM 技术能够直接统计出建筑工程的实际工程量，并根据清单上的信息，制定工程招标文件。在施工过程中，利用 BIM 技术，能够对施工进度进行有效的管理，并通过建立的 4D 模型，完成对每一施工阶段工程造价情况的统计。在建筑工程项目运营的过程中，利用 BIM 技术，能够对其各项运营环节进行数字化、自动化的管理。在工程的拆除阶段，利用 BIM 技术，能够对拆除方案进行深入的分析，并对爆炸点位置的合理性进行研究，判断爆炸是否会对周围的建筑产生不利的影响，确保相关工作的安全性。

（一）实现数据共享

在建筑工程项目的管理过程中，利用 BIM 技术，能够对工程项目相关的各个方面的数据进行分析，并在此基础上构建数字化的建筑模型。这种数字化的建筑模型具有可视化、协调性、模拟性及可调节等方面的特点。总之，在采用 BIM 技术进行建筑工程项目管理的过程中，能够更有效地进行多方协作，实现数据信息的共享，提升建筑工程项目管理的整体效率及建设质量。

（二）建立 5D 模型及事先模拟分析

在建筑工程的建设过程中，利用 BIM 技术，能够建立 5D 的建筑模型，也就是在传统 3D 模型的基础上，将时间、费用这两项因素进行有效的融合。也就是说，在利用 BIM 技术对建筑工程项目进行管理的过程中，能够分析出工程建设过程中不同时间的费用需求情况，并以此为依据进行费用的筹集工作及使用工作，提高资金费用的利用率，为企业带来更多的经济效益。而事先模拟分析，则主要是指在利用 BIM 技术的过程中，通过对施工过程中的设计、造价、施工等环节的实际情况进行模拟，以防各个施工环节中的资源浪费情况，从而达到节约成本及提升施工效率的目的。

二、基于 BIM 技术下的建筑工程项目管理现状

现阶段，在利用 BIM 技术对建筑工程项目进行管理的过程中，主要存在硬件及软件系统不完善、技术应用标准不统一及管理方式不标准等方面的问题。BIM 技术在应用过程中，受到技术软件上的制约。因此，在建筑工程设计阶段运用 BIM 技术的过程中，软件设计方案难以满足专业要求。换言之，BIM 技术的应用水平，与运维平台及相关软件的使用性能方面有着密切的联系。而由于软件系统不完善，导致在传输数据过程中出现一些问题，影响了 BIM 技术的正常使用，为建筑工程项目管理工作造成了不良的影响。

三、加强 BIM 项目管理的相关措施

（一）应加强政府部门的主导

BIM 不仅是一种技术手段，更是一种先进的管理理念，对建筑领域、管理领域等都具有非常重要的作用。因此，我国政府部门应加大对 BIM 技术研究工作的支持，从政策、资金等众多方面为其发展创造良好的环境。在这一过程中，BIM 技术的研究人员应建立标准化的管理流程，加大主流软件的研究力度。

（二）BIM 技术应多与高新技术融合

近几年，新技术不断被研发出来，云技术、物联网、通信技术等先进的科学技术出现在各领域的发展中，在推动各个行业信息化、自动化、智能化发展的同时，也改变了传统的管理思维。可以说，这些新技术的应用，也为 BIM 技术的应用提供了更好的发展途径。实践证明，将 BIM 技术与传感技术、感知技术、云计算技术等先进技术进行有效的结合，能够推动技术的发展，使各领域的管理效率不断提升。

（三）建筑信息模型将进一步完善

我国相关部门正逐步统一各项技术的应用标准，为建筑信息模型的进一步完善奠定了良好的基础。实际上，在利用BIM技术的过程中，由于各个阶段建筑模型设计标准的不统一，给建筑模型的有效构建造成了一定的阻碍。而将各阶段的设计标准进行统一，能够将各个环节的设计理念有效地结合在一起，避免信息孤岛现象的同时，也能够提升管理效率。

通过本节的论述，分析了建筑工程项目管理过程中应用 BIM 技术能够取得良好的管理效果，也能够进一步提升建筑工程管理的技术水平。可以说，对于经济社会发展中的众多领域来讲，BIM 技术的应用，具有较高的社会价值及经济价值。不过，由于受到技术因素、环境因素及人为因素等方面的影响，BIM 技术的价值并没有完全发挥出来。相信在今后的研究中，BIM 技术的应用将会对建筑行业及其他相关行业的发展奠定更坚实的基础，助力我国社会经济的发展与建设。

第六章 建筑工程项目进度管理

第一节 项目进度在建筑工程管理的重要性

随着城市化进程的加快，人们生活水平不断提高的同时，对建筑行业的关注程度也逐渐提升。特别是在建筑市场如此兴盛的今天，建筑单位不仅要在规定工期内完成对工程的整体施工，同时还要保证建筑的施工质量，根据实际施工情况控制整体施工进度，保证了施工进度的科学性，在降低工程成本的同时，还在一定程度上提高了施工质量。本节从项目进度的管理着手，探讨了项目进度在建筑工程管理中的重要性。

随着经济的迅速膨胀，我国的基础设施建设种类也在随之增多，建筑行业的发展因此而变得飞快，成为现代社会发展中不可或缺的重要发展环节。在建设施工过程中，项目进度管理成为建筑工程管理的重要环节之一，关系到了整个建筑工程的质量问题。施工单位若想提高自身的竞争能力，就要完善自身的监督与管理，提高自身水平，而项目进度的管理不仅提高了施工单位整体的管理水平，还在一定能程度上提高了建筑工程质量。因此，项目进度管理在建筑工程的管理中是十分有必要的。

一、项目进度管理重要性剖析

（一）合理安排工期

在建筑工程施工开始前，施工单位按照各施工环节的工程量大小和施工程度难易进行具体施工时间的安排。因为建筑施工的特殊性，大部分工程处于室外，由于受到气候环境和天气等外部因素影响，建筑工程可能无法按照计划建设工期如约完成。因此，这就需要施工负责人对这些意外情况的发生做好预案，制定完整的施工计划，避免因为这些突发情况造成建筑单位不必要的损失。

（二）控制施工成本

建筑工程项目中包括了人力资源在内的设备资源以及资金资源等各种资源的整合。若工程施工方想加快建筑工程的建设，不仅会加大投资成本的投入，同时也无法保证工程质量合格，若工程质量不达标，重复的返工则会导致资源的浪费，造成了恶性循环。施工成本的增加很容易引起项目进度管理的失控，从而导致施工单位遭受更严重的经济损失。在施工过程中，控制施工成本的投入，加强对资金的管控是十分重要的

（三）保证工程质量

在施工工作开展前，施工单位要对施工材料进行严格的把控，检查施工材料的品牌及质量，核对建筑材料的型号及数量，这些都是项目进度中所必需的环节。在我国的一些相关法律文件中，对项目工程的整体质量，极其安全性、美观性和实用性，提出了具体的要求和操作规范，施工单位应按照标准进行工程建设的开展。对建筑材料的严格把控，掌握材料的质量极其安全性能，有助于对整体工程安全进行保障。因此，在施工过程中，掌握施工项目整体进度，合理利用建设资源，制定科学可行的施工计划，有助于施工工作的顺利进行。

二、影响建筑工程项目进度的因素

（一）人为因素

在建筑施工过程中，人为因素的影响对整个建筑工程进度起着决定性作用。因此在建筑施工工程中，要做好施工进度的整体计划，组织协调好各部门之间的合作与调配，由于这些计划的制定和部门之间的协调都是人为进行的，因此人为因素在施工项目进度中的影响较大。

同时，在建筑施工过程中，施工图纸的准确与施工设计的合理都是由专业人员负责的，这些人为因素一旦出现差错，将会直接影响到施工项目的整体进度。同样施工分包企业也是影响项目进度的重要因素之一，其是否履行合同要求、施工过程中是否存在失误等问题，都会对项目进度造成直接影响。除上述人为因素外，质监部门在审批过程中涉及人的行为活动，由于其时间的滞缓，也成了影响项目进度的影响因素之一。

（二）物资供应不足

由于项目施工时间的紧张，人力资源的配置不够科学合理，导致一些建筑施工材料无法跟得上施工进度的开展，一些项目由于周转时间过长、供应材料短缺，这些都会影响施工项目的工程进度。

（三）施工技术有限

施工单位的施工技术高低将直接影响到施工项目的工期进度。从施工人员的专业技术，到整体建筑的施工工艺，这些都是施工项目进度的影响因素，工艺技术的高低、统筹兼顾全局的问题解决能力等，这些都可能对项目进度产生极大影响。

三、项目进度在建筑工程管理中的具体措施

（一）制定科学可行的施工计划

建筑工程管理中涉及的内容和种类较为烦琐复杂，制定施工计划前要对施工过程中的各方面因素进行综合考量。在制定施工计划前期，要对施工材料的质量进行严格的把控，对施工材料的标准进行反复的核验，仔细筛选其品类，并对整体施工材料数量进行最终确认。

在施工开始前，联系好施工材料的供应商，保证施工过程中施工材料的充足供应。同时，要对各项施工设备进行逐个比对，检验其合格证，严查施工设施的质量安全，这不仅是对参建人员人身安全的负责，同时也避免出现由于设备停工而造成工期延误的现象。上述这些问题，都需要进行统一的规划制定，否则一旦工程开始施工，各项准备工作如果不充分，就会造成施工现场的混乱，这些遗漏的问题就成了影响施工进度的问题来源。

（二）确保施工材料的供应

在建设施工过程进度的控制过程中，施工开始前，应对施工各环节中所需的建筑材料及备件准备充分。根据施工进度的计划，施工单位应提前和制定科学的采买计划，准备好各个施工环节和工序所需要的设备及零件清单，并在采购过程中，注意对每一项所采购的材料进行相关资格和合格证书的核对，确保每一个施工环节所采用的建筑材料都安全可靠，从而保证整体建筑施工的质量，进一步确保项目工程的施工进度。

在建筑施工过程中，塔式起重机是所有建筑设备中最重要的核心设备，也是决定整个建筑施工进度的决定性设备，因此，塔式起重机的质量安全监测工作尤为重要。其现场安装工作必须由专业工作人员进行，确保各类施工设备都到达了法律规范中的合格标准，只有对施工材料的数量和施工设备的安全做到了双重质检，才能避免施工中产生不必要的麻烦，保证建筑项目施工的顺利进行。

（三）做好建筑施工的进度管理

首先，建筑单位要结合企业自身发展的实际情况，参考国家预算方式的配额标准，作为建筑成本预算的科学依据，以建筑企业的成本作为项目进度管理准则和最终评估依据。在建筑材料采买前要对建筑材料市场进行相关调研，进行多厂商之间的性价比比较，增加企业的经济效益。

其次，安全第一永远不仅仅是挂在口头上的口号，安全问题直接关乎参建人员的人身及财产安全，施工单位应对参建人员进行不定期的安全培训，建立参建人员的风险意识，要求其必须严格遵照国家规定的生产条例进行安全建设，时刻坚持以人为本的生产理念，并对施工现场的安全问题加以监督和管理。

最后，要注重建筑施工水平的提高，施工质量的好坏直接关系到建筑的企业的名誉及未来发展，因此，在保证施工项目进度的基础上，提高施工质量，对企业的经营和发展都有着十分重要的意义。

在建筑工程的项目进度管理中，工期延后是建筑市场上普遍存在的问题之一，因此，对于项目进度的管理就显得尤为重要。若想保证建筑施工质量，保证各个环节的建筑施工任务顺利完成，就要把施工项目的进度控制好。不断加强企业对项目进度的管理意识，制定科学可行的项目施工计划，总结自身问题，在发展中不断进步，提升企业的综合管理水平。综上所述，建筑工程若想保质保量，就要实施项目进度管理上的不断创新，促进建筑行业的健康稳定发展。

第二节　建筑工程项目进度管理中的常见问题

施工进度管理是建筑项目管理的重点，与施工工程的成本、质量的成本等其他项目有机结合，变成一个总的反应工程实施项目进程的重要指标，因此科学管理建筑工程的项目施工进度，不仅仅是普通的施工周期控制，更是一项涉及面极其广泛、影响因素极其复杂的一系列的施工进度管理行为，从而间接或直接影响施工公司的工程质量和其他工程指标，如何有效的、科学的控制施工进度，是目前大多数工程施工公司所要研究的一个重要课题。工程项目的施工进度控制是五大工程控制的重要内容，建筑项目的最终完成是在施工阶段，因此，在施工阶段进行比较严格的进度控制就显得尤为重要。

一、工程项目进度与施工工期的可控性

建筑工程中施工项目进度的可控性，是保证施工项目能按期完成的重要因素，合理可控的安排施工资源供应，是节约工程成本及其他相应成本的重要措施。当然，这也不是说工期越短越好。盲目的、不合理的缩短工期，会使施工工程的直接费用相应增加，进而增加总投资，甚至会影响到相关的成本、质量安全等方面。而且，有些施工条款中明确规定：在未经过业主同意的情况下，因施工方工期缩短所引起的一切费用增加项目，业主有权利不负担。因此，工程施工方必须做出全面合理的考虑，同业主和工程监理方一起共同开展合理的、科学的进度管理，并进行动态可控制性纠偏。

二、项目进度的科学性

工程项目的科学性中，先分解工程的工期，其中工期包括：建设期、合同期、关键期和验收期。建设工期中的科学性是指建设项目或单项工程从立项开工到全部建成投产及验收，或交付使用时所经历的科学的、规范的过程。建设工期的科学规范方面是签订合同起、

到中间施工、以及分阶段分年度科学的安排与检查工程建设进度的重要计划。而合同工期的科学性是指从承包商接到开工通知令的时间算起，直至完成合同中规定的施工工程项目、区间工程或部分工程，并通过竣工验收期间的合理规划。关键工期的科学性指在区间进度计划的实施中，为了实现其中一些关键性进度目标所用的时间，在此进度计划当中，关键工期的合理规划即为关键线路的合理施工奠定坚实基础。所以说有一个科学的、合理的项目进度。可以主次分明，清晰的做出总体项目进度，从而更好地为项目进度的管理服务。

三、建筑工程项目管理的进度

管理进度一般是指一段工程项目实施区间，此段施工结果的进度，在每一小段工程项目施工的过程中要消耗人员、费用、材料等才能完成项目的任务。当然每一段项目的实施结果都应该以此段项目的实际完成情况为目标，如工程的中可量化的进度来表达。但是由于实际操作中，项目对象系统（技术系统）的不可控因素影响，常常很难做出一个合适的，标准的量化指标来反映施工工程的区间进度。比如有时时间和人员与计划都按计划执行，但实际工程进度（工作量）确未能达到预期目标，则后期就必须增加更多的人员和时间等来补足。建筑工程的施工进度大多分为：预期进度、施工进度、总体进度。预期进度是指该工程项目，按照既定文件所规定的施工工程指标、时间及完成目标等，经预期编制成的计划进度。且计划进度须经施工监理的工程师批准以后，才能形成相应的进度计划。而当前施工进度指工程建设按原进度计划执行，而后在某一时间段内的实际施工进度，也称实际状态进度。总体进度常用所完成的总工作量、所消耗的总资金、总时间等指标来表示总进度的实际完成的情况。工程项目总进度计划是以全体工程或大型工程的实际建设进度作为编制计划的标的对象，详细来说包括工程设备采购进程、总体设计工作进度、各项工程与实际工程施工进度及验收前各项准备工程进度等内容。单项工程进度计划通常是以组成整体建设项目中某一独立或区间工程项目的建设进度作为该编制计划的对象，如企事业单位工程、企业工厂工程等。在现代工程项目管理的定义中，人们赋予进度以更加综合的含义，它是将工程项目中各项任务、区间施工工期、建设成本等有机地结合起来，形成一个统一的综合性指标，从而全面地反映项目的实际实施情况或各项指标。现代进度控制已不仅仅是传统意义上的工期控制，而是将施工工期与工程实物、实际成本、劳动力等资源全面的协调统一起来。

四、建筑工程项目进度管理的复杂性

首先工程项目的管理是一个很复杂的流程，按照主体的分类，我们可以分为业主的项目管理及施工单位项目管理等，但是不管是谁的项目管理，都绕不开四控三管一协调。这是项目管理的核心内容，这七个方面其实没有说谁重要谁不重要，但是具体到某个主体单位，就会有侧重了。

　　建筑工程项目中的管理人员，尤其作为（建筑）工程类的项目经理，必须就要有扎实的知识基础，此知识结构应该由三大系统组成：建筑类的知识；工程类的知识，主要是技术类的知识；作为项目管理人员，需要知道相关的管理规范和管理作法。作为施工，需要知道具体的施工做法和工艺。管理类的知识。如何协调，组织和管理整个项目的实施。

　　建筑类的知识是基础。针对是项目的产出物：产品。只有你知道你需要提供什么样产品，你才能组织去实施，去管理。

　　工程类的知识是核心。工程前期，产品是需要人员实实在在做好规划的。这个过程集中了项目相对较多的资源和关注度。但对于项目经理，需要了解的程序，是需要知道怎样去做，操作的具体程序。以及如何制定计划，更好的促成对整体项目进度的管理。

　　管理类的知识是保证。项目的实施是一个庞大的复杂系统。需要处理各种各样的情况和问题。靠的就是管理的保证。对于项目，这是不断提升的技能。

　　安全是最重要的，而且在各行各业都是最重要的，但是到了工程上，尤其会影响整体施工的进度，从开工，我们就讲安全文明施工，三级安全教育，安全交底等，但是实际上因为费用的问题，主要是措施费，以及国内对安全生产的不重视（主要是人员素质较低，知识水平不到位，以及国内对工人的保护机制的不完善），这个问题是在整个工程过程中现场问题最多，出事最多，严重程度最大。具体到业主的工程经理，更应重视的，尤其要及时核查施工单位采取的措施，但是到实际操作中，因为业主，监理，施工单位职能分工，所以最终业主往往在这个上不会太过于使力，监理方因为种种原因，不太会纠结，大家都控制在一个不发生大的事故的单位内，保证不会因为安全原因停工（质监站，安监站检查），主要有以下几个方面控制，安全资料要完善，特别是一些重要要专家论证的必须资料完善才能施工，例如高支模，滑模等。其他方面嘛，根据现在国内的情况嘛，作用业主方的话，确保监理，施工方的安全人员以及经费投入到位，如果是施工单位要招一个经验丰富的安全员（不仅仅是技术方面，还有安全管理。不仅可以管好，更大程度上会促进工程项目的施工进度和质量）。总而言之，建筑工程项目管理进度的复杂性，是人员、费用、安全性等三方机制共同发力影响的。只有更好地对这些方面进行严格把控，才能更好地管理施工进度。

五、针对建设项目的进度目标进行施工进度控制

　　进度计划是根据时间轴来安排项目施工任务，而时间轴中的计划工期确定是根据计算工期、合同工期来确定的，所以说合同工期≥计划工期≥计算工期。所以一般工程都是在合同工期内完成，但是能否在计划工期内完成，这个得根据具体情况分析，一般来说进度计划是动态调整的，意味着很难按进度计划完成计划工作。

　　影响进度实现的因素无非以下几点，人、机、料、法、环。虽然人的因素是最主要的，但是人的因素是可以通过沟通协调的手段来解决的（不就是钱的扯皮嘛），环境和方法的

选择对进度影响也是比较大的，比如说没有明确整个工程关键部位，导致由于关键部位未及时施工而拖延工期，而天气也是，如果接连下雨的天气，进度也会受到影响。进度计划可分为投标进度计划，中标入场后的总施工进度计划，中期（阶段）施工进度计划 / 节点施工进度计划，短期（周 / 半月）施工进度计划。

在编制投标进度计划的时候，比较粗，一般可以认为是施工进度计划中连春节这段施工间歇期都可不必考虑的（就是施工进度计划中，春节也排了活），在进场后，排总施工进度计划 / 年度施工进度计划的时候，起码春节因素要考虑的，要把春节期间的那段时间空出来。之后再细化细化到短期（周 / 半月）施工进度计划的时候，就会结合当前的实际情况（施工作业面 / 人员 / 机械 / 图纸是否完善）等因素进行考虑。

第三节　建筑工程项目质量管理与项目进度控制

近年来，我国建筑行业发展迅速，在很大程度上推动了社会经济的发展。而随着建筑工程项目越来越多，工程建设规模越来越大，建筑工程质量与进度问题就越来越受到了人们的关注和重视。在建筑工程建设过程中，质量与进度之间有着相互影响的关系，想要保证项目质量，就必须做好进度控制工作，想要保证项目进度，就必须做好质量管理工作。本节就建筑工程项目质量管理与项目进度控制这一问题进行详细分析。

随着城市化进程的不断推进，我国建筑行业的发展也得到了有力的推动。现如今，建筑工程项目越来越多，如何有效保证建筑工程建设水平和效益是需要重点考虑的问题。在建筑工程建设过程中，施工的质量和进度是尤为关键的部分，质量的高低以及进度的快慢都会直接影响到建筑工程的整体水平和效益。而作为一个运转中的动态系统，建筑工程项目中的质量与进度这两个指标即矛盾又统一，这就需要施工企业做好进质量与进度之间的协调管理工作，以此来更好的确保建筑工程项目的顺利开展。

一、质量管理与进度控制的重要意义

在工程建筑中，施工的质量与进度是十分关键的部分，二者之间缺一不可。首先，就建筑工程项目的质量管理而言，其是保证工程施工质量的重要管理措施。建筑工程具有周期长、不确定因素多、资金大、人员多、涉及面广的特点，在施工过程中，很多因素都会对工程质量造成影响，而质量管理就是通过对工程项目采取一系列措施进行监督、组织、协调、控制的一项管理活动，在科学有效的管理下，可以更好地保证工程施工的质量。其次，就建筑工程项目的进度控制而言，其是保证工程项目按照施工计划顺利施工的重要措施。在建筑工程施工过程中，各种人为因素、自然因素、技术因素、设备因素等都会对施工进度造成影响，而如果施工进度拖延，那么就会直接影响到建筑工程的整体施工效益。

而通过对建筑工程项目进行进度控制，就可以有效保证工程施工进度的合理性和科学性，进而保证施工企业的经济效益。由此可见，在建筑工程建设过程中，做好质量管理与进度控制工作尤为重要和必要，质量管理和进度控制是保证工程整体质量和效益的重要措施。

二、建筑工程项目质量管理措施

（一）建立完善健全的质量管理制度

建筑工程项目质量管理是一项贯穿于整个建筑施工过程中的活动，其具有周期长、涉及面广、系统复杂的特点，因此，想要更好的保证质量管理效率和水平，就必须针对质量管理工作要求和需求，制定完善健全的质量管理制度。利用制度来指导质量管理工作的顺利开展，同时利用制度也可以约束质量管理行为，进而确保质量管理整体水平。对此，施工企业可以建立一个专门的监督管理部门，由监督管理部门负责工程施工的质量管理工作。针对监督管理部门，施工企业应该明确其管理责任、管理义务、管理目标、管理要求等，制定详细明确的规章条例，保证监督管理部门按照规范要求开展管理工作。对于相应的管理人员，施工企业也可以实行个人责任制制度，所谓个人责任制，就是将管理责任落实到个人身上，这样一旦发生管理问题，能够便于在短时间内找到问题的原因，并追究个人责任，对管理人员可以起到良好的约束和控制作用。

（二）材料设备质量管理

在建筑工程施工过程中，材料与设备是尤为重要的组成部分，材料与设备的质量高低直接关系到工程施工质量的高低。因此，为了更好地保证施工质量，就必须重视对施工材料与设备的质量管理。就施工材料而言，管理部门应该加强对施工材料全过程的质量监督与控制，即从材料采购、运输、保管到材料应用全过程严格把控质量。如发现材料存在质量问题或数量不足，必须要第一时间采取措施应对，避免问题材料被应用到施工中。就施工设备而言，施工企业应该做好施工设备的管理与维护工作，比如要定期对施工设备进行全面排查与养护，保证施工设备的运行质量和效率。如设备出现故障和问题，要禁止使用，并及时进行维修和处理，在保证故障得到解决后，才能够继续应用设备。作为机械设备操作人员，在机械设备应用过程中，应该保证其操作水平，以防由于操作问题导致设备故障的发生。

（三）提高施工人员综合素质

在建筑工程施工过程中，施工人员是施工的主体，施工人员的技术水平及职业素养与施工质量有着很大的关系，因此，为了更好地保证施工质量，施工企业还需要做好施工人员的管理工作。比如在建筑工程质量管理过程中，施工企业要注重提高施工人员的综合素质，加强对管理人员、技术人员、施工人员的培训教育工作，以此来提高他们的专业知识、专业技能、个人素养等。这样一来可以使得施工人员更加努力地投入到施工工作中，进而更好的保证施工质量。另外，施工企业还需要加强对施工人员的管理、组织、协调等工作，以此来实现人力资源的优化配置及利用。

三、建筑工程项目进度控制措施

（一）制定相关工程项目目标

在建筑工程项目施工过程中，工程目标的制定尤为关键，无论是大工程还是小工程，有了工程目标，才能够有项目建设的方向，同时工程目标也是衡量工程监督的首要标准。因此，为了更好地对建筑工程进度进行控制，在工程建设前，施工企业就必须结合施工的实际情况制定相关的工程项目目标。目标的制定需要结合工程需求、工程要求、自然因素、人为因素等综合确定，保证工程目标的合理性和科学性，进而才能够根据工程目标，对施工进度进行正确的判断。

（二）制定工程施工工序

在工程目标制定完成后，施工企业需要按照所制定的目标进一步安排施工工序，在施工工序安排过程中，施工企业需要考虑到各种影响施工进度的因素，如天气因素、人为因素、不确定因素等，在综合考虑下确定每一个施工工序的时间、部门、人员等，以此来保证每个施工工序能够在规定的时间内完成施工。通过制定工程施工工序，也能够更加有利于进度控制工作的开展，进而更好的确保施工进度在合理范围内。

（三）工程施工进度控制

在工程施工过程中，存在诸多不确定因素，这些因素都会对施工进度造成不同程度的影响。因此，为了更好地保证施工进度的科学性和合理性，就必须做好工程施工进度控制工作。比如在施工现场中，每一个施工节点都需要将实际施工监督与施工计划进行对比，如果对比之间偏差较小，那么说明进度在合理范围内，如果偏差较大，那么说明进度出现明显的拖延现象，对此，就需要根据实际施工情况，结合施工计划，对施工进度进行合理的调整，以此来保证施工进度的合理性。比如提升工程建设效率、降低返修率、避免重建现象的发生、做好施工人员的合理配置等，都是控制施工进度的有效措施。

在建筑工程项目建设工程中，质量和进度是尤为关键的两个要素，只有保证了建筑工程的施工质量，并合理控制了建筑工程的施工进度，才能够更好地保证项目整体建设水平，进而提高施工企业经济效益。因此，这就需要施工企业在建筑工程施工过程中，既要做好质量管理，又要做好进度控制工作，使得质量与进度二者之间能够协同发展，这对于保证建筑工程项目整体建设水平，以及促进施工企业良好发展都具有十分重要的意义。

第四节　建筑工程项目管理中施工进度的管理

进度管理在建筑工程中具有至关重要的作用，是建筑施工企业保障施工质量、控制企业成本支出的保障。因此，在建筑施工中加强进度管理尤为重要，并且还需要结合实际，与时俱进，将先进的技术手段渗透到进度管理中，以此来提高管理效果，促进建筑业更好的发展。

一、进度管理在建筑工程管理中的重要性

在建筑工程管理中，进度管理发挥的重要性主要表现在以下几个方面：

（一）在建筑工程工期中进行科学编制

通常的情况之下，在启动建筑工程之前，就需要做好基础的准备工作，比如：对建筑工程的规模进行评估，在评估之后制定出合理的实施方案。与此同时，还需要签订一系列具有法律效益的建筑施工合同。这就要求施工单位必须按照合同内的规定完成所有施工项目，包括时间限制与质量标准等细节方面的要求。如若施工单位没有达到合同中的要求，就会付相应的赔偿金。由此可以看出，工期在建筑施工单位中具有重要的作用，其更加需要进度管理进行科学有效的编排，用来监管和维护施工企业的经济利益。

（二）保障建筑工程的工程质量

质量安全问题是建筑工程中的重中之重，国家现行的有关法律法规、技术标准以及设计文件中对工程的安全、适用、经济等特性的要求，是建筑工程中的标尺。在建筑工程中合理的应用进度管理，是保障建筑工程质量得以实现的基础。同时需要对建筑的原材料、施工安全等方面进行严格要求，以此来保证建筑工程的质量。有了进度管理对建筑工程的要求，其质量目标方面的实现才能得到有效的保障。

（三）合理控制建筑工程成本

如今的建筑市场竞争环境日趋激烈，获取科学、合理的经济利益是建筑工程企业在竞争中的源源动力。只有合理的控制施工成本，才能使得企业得到科学、合理的开支。包括合理的确保人力、材料、物品方面等耗费的费用。而当前的一些施工企业只注重工程的完成速度，不计增加成本的投入，以此来确保完成工程，这样的方式也会将施工的总成本大幅度的增加。面对这种情况，进度管理在建筑工程管理中的作用就凸显出来。通过监督管理在工程成本控制上的管理，缩减企业的一些不必要成本费用，以及因为一些赶工期带来的花费损失。

二、施工进度管理经常出现的问题

（一）编制施工进度计划中的问题

一个工程的建设必须制定一个科学合理的施工进度的计划，这个计划是工程能否按照合同工期正常完成的保证，也是重要的影响因素。编制一个合理科学的施工进度计划需要依据工程当地的环境特点、项目自身的特点以及合同的要求等等，同时要注意施工过程中各个施工阶段的顺序以及各个工作之间的衔接关系，资源合理科学的配置，资源的合理配置也是影响施工工期的因子。同时，不同的工程具有不同的特点，在组织建设之前需要组织人员对施工图纸和资料进行详细的审查，防止设计方案的不合理或者无法施工的现象。施工进度计划必须包含整个项目的各个环节和每一项内容，避免在工程施工过程中出现不在计划内的施工，增加额外的投入，进而打乱整个投资计划，影响施工进度。施工进度计划还应该考虑到项目所处当地的天气、地理、人文环境等因素的影响，防止自然因素对工期的影响。有一些企业在制定施工进度计划时，目标清晰明确，没有具体考察工程所处实际环境的影响，各个阶段时间控制不合理，不管当地的地质条件、工艺条件、项目的大小和设备的具体状况而制定了施工工期，最后造成了施工进度计划自身存在缺陷，施工过程中必然出现问题。

（二）施工进度计划与资源分配计划不协调问题

施工进度计划能够顺利实施的关键在于工程的资源是否得到合理的配置。资源配置主要包括人力资源、材料资源、机械设备资源、施工工艺、自然条件、动力资源、资金以及设备资源等等。资源的分配需依据施工进度计划来进行，根据进度的时间节点合理、科学的制定出资源分配计划，施工进度计划和资源计划是同时制定的，同时这两个计划也是相互制约相互影响的。现在许多企业还是传统的施工思路，只是合理的制定了施工进度计划，没有科学的筹划出资源配备，只是依据以往的经验来进行分配，结果可能会出现资源跟不上施工进度，结果影响了整个工期。

（三）工程进度计划施工中执行问题

现在，许多建设企业中还存在施工进度管理不善的问题，施工进度计划没有严格按照要求执行，尤其是一些企业规模不大的施工单位，实际施工过程中与施工进度计划严重不符，相互脱节，编制的施工进度计划失去了编制的意义，施工只是施工，而计划就是计划，导致施工过程中完全没有按照计划进行，施工进度计划落空，制定的施工工期目标不能正常完成，工期延长。

三、加强工程项目施工进度管理的措施

（一）单项工程进度控制

在工程开工之后，施工单位应对整个工程进行专业分析，建立工程分项的月、旬进度控制图表，以便对分项施工的月、旬进度进行监控。其图表宜采用能直观地反映工程实际进度的形式，如形象进度图等，可随时掌握各专业分项施工的实际进度与计划间的差距。

（二）采用网络计划控制工程进度

用网络法制定施工计划和控制工程进度，可以使工序安排紧凑，便于抓住关键，确保施工机械、人力、财力、时间均获得合理的分配和利用。因此施工单位在制定工程进度计划时，采用网络法确定本工程关键线路是相当关键的。采用网络计划检查工程进度的方法是在每项工程完成时，在网络图上以不同颜色数字记下实际的施工时间，以便与计划对照和检查。

（三）采用工程曲线控制工程进度

分项工程进度控制通常是在分项工程计划的条形图上画出每个工程项目的实际开工日期、施工持续时间和竣工日期，这种方法比较简单直观，但就整个工程而言，不能反映实际进度与计划进度的对比情况。采用工程曲线法进行工程进度的控制则比较全面。工程曲线是以横轴为工期（或以计划工期为100%，各阶段工期按百分率计），竖轴为完成工程量累计数（以百分率计）所绘制的曲线。把计划的工程进度曲线与实际完成的工程进度曲线绘在同一图上，并进行对比分析，如发现问题实际与计划不符时，及时做出调整，确保工程按时完成。

（四）采用进度表控制工程进度

进度表是施工单位每月实际完成的工程进度和现金流动情况的报表，这种报表应由下列两项资料组成：一是工程现金流动计划图，应附上已付款项曲线；二是工程实施计划条形图。施工单位提供上述进度表，由监理工程师进行详细审查，向业主报告。如果根据评价的结果，认为工程或其工程的任何部分进度过慢与进度计划不相符合时，应立即采取必要的措施加快进度，以确保工程按计划完成。

工程施工进度控制的目标是为了实现项目建设工期，必须通过行之有效的控制与管理，充分把握研究影响进度的各种因素，针对施工进度控制存在的问题采取相应措施，主动积极的对施工进度进行控制，通过各专业、各环节的共同努力，制订合理的施工进度计划，建立科学的控制体系，才能确保工程进度达到合同要求，获得最佳的经济效益和社会效益。

第五节　海外建筑工程项目群施工进度管理

建筑业的发展是大家有目共睹的，随着其慢慢地成长，面临的问题也是越来越多。因此，在发展国内工程项目的同时，为了改变这一现象，许多企业发展了海外工程，特别是一些国有大型企业。海外工程虽然说和国内工程施工的差异并不是很大，但是其工期和进度的完成情况会影响企业的整体效果，如果是工程项目群施工的情况，成本将受到严重的影响。如何充分发挥管理人员的素质和建设大型项目群的能力，最大限度地发挥建筑企业的利益，从而提升建筑企业市场的竞争力，已成为当前建筑公司面临的问题之一。

近年来，随着我国经济的高速发展，建筑行业作为我国的支柱产业之一也在迅速发展。面对如此激烈的竞争，越来越多的企业开始走出国门，寻找新的利润点。但是由于海外工程建设因其特殊性，也给工程项目管理带来一定的难度。对于我国的建筑企业而言，已经发展到了一定程度，并且有了自己的口碑，但是面对国际化的挑战，面对的问题还是比较严峻，从而阻碍了我国海外建筑工程项目的海外市场的开拓与发展。

一、项目群进度管理的主要内容

对于建筑工程项目而言多个项目同时进行是一件常事。如何计划统筹的把这些项目的进度优化到最短时间内完成，是群项目管理的主要内容之一。好的项目群管理应该是各个子项目同时进行，达到总体目标集群的目标价值。项目群进度管理主要内容如下。

（1）识别项目群。

对于项目群而言，首先要对其识别，然后根据总体的施工项目的目标而进行分解，从而集成的管理。为了更好地识别与管理，可以对各个层面进行分解，从而进行关联。

（2）确定项目群活动顺序。

建筑工程项目群管理其实质就是对于子项目在工序上进行的逻辑关系的调整，从而可以让资源在子项目上得到充分的调度，尤其是资源比较紧缺的情况下，比如高技术人员与高层次的管理人员缺少的情况下，所以建筑企业在施工中一定要对施工顺序明确。

（3）估算项目群工期。

项目群中子项目的施工顺序一旦完成，工序的持续时间就直接决定了整个项目的施工工期的时间，以及项目在实施的过程中所要投入的资源等。

（4）编制项目群的进度计划。

施工企业项目群进度管理计划的编制不同于以往单个周期的编制。项目群必须在单个项目的基础上编制总体进度计划，统筹整个项目群的进度，从而取得最优的完工时间。

二、影响项目群进度管理的因素

在项目组建设过程中，由于涉及的项目较多，所使用的功能也不同，所以在建设过程中项目管理的技术复杂性会不同，建设周期的特点也不同，具有资源倾向性的特点。一个项目组的进度管理是基于每个项目的，单个项目的延迟可能会导致整个进度的延迟。因此，项目群的进度控制必须对整个项目中的某些因素和不确定因素进行系统的评价和分析，并采用科学的方法对这些因素进行控制，以保证项目整体进度的顺利完成。

从施工企业的角度考虑，项目群进度管理的因素主要表现在内部与外部因素的两个方面：

（1）内部因素。

内部因素就是项目群施工单位的自身问题。例如有管理能力、施工水平、供应问题等，总之就是施工企业是否能够保证项目不受本单位的因素而延期的状况。

（2）外部因素。

外部因素就包括很多了，如建设主体的组织协调与环境因素等。而对于环境因素而言，包括了施工阶段中的天气因素、气候因素、政治因素、社会因素、经济因素等。特别是政治因素中，如果遇到一些政策性的变故，这其中是具有一定的风险性的。还是就是经济因素，就是施工中一些材料可能由于某种原因而突然价格不稳定或猛涨，都会给项目群进度产生一定的风险，从而影响进度。

三、项目管理中施工进度控制措施

（一）建立良好的进度控制组织系统

（1）项目经理部主要职责：要对进度控制人员进行落实，同时分配具体的任务与责任，对于工程总体的进度控制计划要进行层层分解。

（2）项目进度群施工进度，要求主要项目组织在施工前期，科学合理地确定施工阶段和进度和技术支持，以及应该协调的时间，还有施工中可能发生的影响群项目进度的一切相关风险，当然还包括工程的最重要的任务自然条件，社会经济资源和工程建设的特殊性和计划的进展等一系列的分析，通过进度确定关键阶段和施工程序，对单个工程的施工进度进行协调和平衡，使其能在相对较短的工期内及时反应并投入生产。

随着网络技术的发展，网络电视也是人们日常生活必不可少的娱乐方式，因此，利用网络新技术，打造网络电视客户端，不仅可以提升电视台收视率，对于电视台而言也是持续发展的重要网络技术。

（4）在施工之前，要确保手续与方案都没有问题后，项目相关负责人要进行统筹规划，要及时组织对现场的与施工相关的问题进行合理安排，根据已经有条件对施工现场做好前期的预备方案，其中包括了设备、材料存放问题、人员安排等。这样能够做到胸有成竹，让工期顺利地完成。

（5）在施工中，按照施工质量管理体系和工期编制的具体计划，要合理地对工序进行安排，从而实现平行施工，以更提高施工的进度。

（6）对于工作进度的会议要适时的进行开展，对于施工中每个时间和工序的工作进度，要有针对性地采取一些措施，为了能加快施工的进度，一定先抓住关键工序的管理和施工，科学合理地缩短施工工期与工序。

（7）为了能顺利地完成施工任务，可以转成经济承包责任制，这样可以发挥做的多得的多，保证质量，还可以激发全体员工的积极性。

（二）搞好施工项目进度物资、设备、技术、后勤保证措施

（1）施工项目中后勤工作是施工中的必备条件，当然也包括物资的运输以及储备等，如果施工中遇到一些偏远而且运输条件不太好的工程，就要提前准备好，这样才能确保施工中的水、电、材料等必备物质的供应充足。

（2）后期如果出现问题，为了能及时与设计单位联系解决，就需要提前做好现场调查与图纸会审的工作，这样就可以确保如有疑问的地方，可以做多心中有数。

（3）设备要时常检修并做好保养，尤其是一些容易坏的设备，要做到有备用或可以调配的设备。要确保机械设备能随时满足工作的需要，这样就能避免设备方面给施工带来的延误。

（三）搞好施工中的协调

施工中的协调能够顺利开展相关工作，特别是对于进度来讲，显得尤为重要。在海外难免会遇到语言上的障碍，所以可以通过提升相关人员的英语专业水平，聘请专业的英语老师和外国建设单位的专家授课，加强专业的翻译和外国技术人员的沟通，真正了解外国技术以及外国相关人员的想法和要求；还可以更好地与外国专家保持沟通和监督；另外还可能聘请外国专家和技术人员，充分发挥他们对当地法律法规、风俗习惯和人际关系的了解。这样可以充分发挥他们对场地的熟悉程度，协调好施工，保证施工高效进行，保证群项目的施工进度。

总之，海外建筑工程项目要想得到良好的发展，就要对其工程进度进行有序的管理，特别是对项目群进度的规划。海外的项目相对于国内的项目而言，在不保证质量的前提下，其进度的快慢直接决定着项目的收益成效，特别是成本的增多，所以海外建筑工程项目群的管理显得尤为重要。

第五节　信息科技下建筑工程项目进度控制管理

在信息化的当今，建筑工程项目进度控制在建筑工程项目管理的重要工作中显得尤为重要。但是影响工程进度的因素非常多，所以对建筑工程项目进行管理和控制十分关键，由此也可以看出，让信息技术与工程进度管理有效的融合，对建筑业以后的发展是十分重要的。本节对建设进度中可能出现的问题做了研究，并提出了相应的进度控制管理措施。

随着经济的不断发展，建筑业和信息技术也得到了快速的发展，但是建筑工程中出现的问题也越来越多，让信息技术科技和建筑工程进度管理相结合显得尤为重要。信息技术不但可以对工程进度中出现的问题进行监管，还可以为工程进度管理提供技术支持，提升企业的综合实力。本节从以下方面对信息科技进入工程进度管理进行了探讨。

一、建筑工程项目进度管理中存在的问题

（一）工程进度滞后问题

因为建筑工程项目的周期都比较长，并且还存在多个项目同时进行的情况，所以对资源的投入时间点和合理分配很难做到准确预估。这造成了项目在具体实施阶段，安排的工作时间不合理，可能会出现前期施工时间充裕，后期施工时间紧张的问题，还有可能因为资源分配不均而造成资源冲突；而且在施工的过程中，建筑原材料的价格是不断波动的，工程项目延期会造成项目成本增加的可能性，使得资金配置不能及时完备，导致项目失败的可能性。

（二）管理人员意识缺失

在项目建设的过程中，由于项目管理层的管理意识缺失，导致劳动力和设备错配、施工不合理、以及建筑原材料浪费的情况时常发生。并且一个工程项目是需要多个施工单位来同时完成，各个单位的管理者没有集体责任意识，被"各人自扫门前雪，休管他人瓦上霜"的思想影响，使得相互配合的不默契，导致问题频出而影响施工进程，并且一旦有问题发生还会相互之间推诿，造成了工程项目进度管理上的困难。

（三）缺乏管理制度

工程进度管理存在问题，很大原因是缺乏管理制度所导致。一是国家没有出台明确的管理制度，来解决可能出现的问题，而且相关部门没有进行有效的监管，导致出现问题的可能；二是施工单位没有制定出有效的管理制度，来制约施工人员的行为和提高管理者的责任意识。没有把责任细致划分到每个人身上，这样就导致了出现问题找不到相关责任人；

并且没有严格的统一标准，使得工人对标准不明确。

三、建筑工程项目进度控制管理的措施

（一）合理的规划项目进度

在项目建设前期，合理的规划项目的进程，是为项目顺利进行打下了坚实的基础。首先在项目施工前，要对各个施工单位的工作内容进行明细划分，让每个施工单位明确自己的工作内容和职责，把自己的工作职责落实到具体工作当中，并需要定期检查，来确保工作内容和进度都达标，大大降低进度出现问题的风险；其次要对项目进行充分的调查，对施工环境、原材料的价格和需求量以及资金供应链等因素做好评估，从而制定合理的施工进度计划，以防延期出现以及资金链断裂的可能；最后要做出必要的应急方案，确保一旦出现问题时，可以在第一时间内有应对的措施，并尽量将问题控制在一定范围，避免对施工进度产生不可预计的影响。

（二）加强培训教育

提高管理人员的责任意识，对建筑工程项目进度控制管理非常重要。因为只有每个人的管理意识增强，才能强化大家的集体意识，才能让项目更加顺利地进行，所以需要开展一些培训活动，来加强管理人员的责任意识。比如可以定期组织大家学习，让每个人写下学习心得并分享给其他人，让大家都有这样的责任意识，并且可以让每个人都制作一个关于所学内容的小视频来供大家欣赏，提高大家学习的积极性；其次可以把培训内容和游戏相结合，组织一个趣味问答比赛，并添加一些有趣的奖惩方式来增加知识的趣味性，不让人觉得学习无聊难以接受；最后需要组织评选活动，对培训期间表现优异的人员进行嘉奖，对学习态度散漫的人进行批评，让施工人员知道企业对开展培训活动的重视性，也让其知道责任的重要性。

（三）加强制度建立

想要让建筑工程项目进度有效的实施，就要加强制度的建立。一方面国家要出台严格的制度来规范施工，并且还需要相关部门来进行监管，以防制度流于表面化没有落实到实处，并尽可能杜绝问题的出现；其次施工单位要制定明确的制度，让一切工作在制度下有标准可依，并建立完善的奖惩制度，把职责细化到具体的人身上，让每个人都有危机意识，这样才能是工程更好地进行下去，一旦出现问题可以及时发现并解决，防止问题扩大影响到施工的进程。

四、建筑工程项目进度控制管理的意义

随着我国经济的持续发展，建筑行业也迎来了良好的发展前景，但是随着项目复杂程

度的增加、多个工程同时进行的情况也越来越多，更由于工程信息获取不及时、项目监管和控制欠缺、施工前的预定方案不合理等原因，导致工期延误、成本超出预算以及项目失败的现象频繁出现。因此必须构建先进、高效、合理的项目管理机制来推进企业的转型，使其更符合国家科技发展的要求。

进度控制水平直接影响到公司的经营收益，利用网络信息科学技术来作为项目管理进度的技术支持，可以有效地缩短建设周期来提高效率、降低企业的使用成本以及提高管理水平。在网络技术的支持下，可以对现有的项目管理技术进行有效的补充，为项目精度管理提供了可靠地技术，从而重视项目的整体效益优化、以防多重任务资源分配不合理而造成资源冲突。并且随着信息科技加入项目进度管理技术中，可以构建有效的项目进度编制流程，为公司提供了一切程序的标准和问题解决措施，所以在提高公司竞争力和丰富项目进度管理方面有着重要的意义。

随着信息技术的普及应用，信息科技进入工程进度管理是非常必要的。它的出现不但可以对工程进度管理中出现的一系列问题提供技术手段，还为增加企业的核心竞争力提供了可能，为企业的技术转型带来了重要的技术基础。本节对工程项目中可能出现的问题进行了探讨，并提出了一些策略来提高工程项目进度管理，以确保信息技术管理工程进度的合理化。

第七章　建筑工程项目成本管理

第一节　建筑工程项目成本管理中的问题

工程项目成本管理其实就是高效地组织、实行、管控、跟踪、剖析以及考评等一系列的管理活动，能使项目的经济效益得到提升，并且能使工程项目成本管控工作得到完善与强化，最终使建设单位的综合竞争力得到极大的提升。文章首先对建筑工程成本管理的构成和现状进行分析，然后对工程项目成本管理中存在的主要问题进行讨论，提出了加强工程项目成本管理的策略，提高了企业管理效率，促进了企业的经济效益。

施工项目成本管理是施工单位的一项非常关键的基础管理方式，是指建设单位联系本领域的特性，将作业过程的直接耗费当成评判依据，将货币当作重要的计量单位，进而全方位地管控从开工至竣工过程中所产生的所有收支，进而使项目施工造价实现最优化。这就涵盖了实施工程施工责任成本，编制切实可行的成本方案、进行成本指标的分解、科学管控成本、成本核算、成本考评以及成本监督。而施工企业一定要科学地管控工程项目成本，方能使施工成本得到降低，如此施工企业的经济利润才能得到保障。

一、建筑工程成本管理的构成和现状

工程项目成本根据生产经费计入成本的方式细分，能划分成直接成本与间接成本两种；若根据成本控制需求，由成本产生的时间进行细分，就能细分成预算成本、计划成本以及实际成本 3 种。

建筑项目的成本管控工作水平是项目支出能否实现节约的决定性因素。建筑项目的成本支出有：建材成本、劳动力成本、设备使用成本、作业现场管理成本等。而对于这些支出均应制定切实可行的管控机制，进而使施工单位能更好地管控项目成本。但目前建筑项目的成本管控工作依然存在较多的不足与缺陷。在市场经济背景下，施工企业不断涌现，而建筑领域的竞争也渐渐趋于白热化，劳动力成本不断增多，建材价格波动剧烈，并且由于最低价格中标机制的落实，又因现金保证机制的实行，会使施工企业的经济效益受到影响。鉴于此，施工企业一定要注重建筑工程项目成本管理。但现今，由于成本管理体系并不成熟，并且存在很多不足，因此在很大程度上影响着企业的发展与进步，下面文章针对

这些问题进行分析。

二、工程项目成本管理中存在的主要问题

（一）工程项目参与者忽视项目成本的管理和控制

建筑工程项目成本管理具备较强的系统性与全民参与特性，因此无论是项目经理，还是施工技术人员均应切实承担节约经费的责任与义务。现今，在部分项目实际施工前，并没有制定系统性的造价方案，仅仅是借助经验粗放的方式进行管理，并且在出现问题时，没有科学的规范与机制参考，项目经理在解决问题时带有过强的主观性，并且施工人员采取应付的态度处理问题。

（二）工程成本控制措施缺乏针对性

工程项目流程非常烦琐，这就使成本控制方式具备显著的多样性特点，由于各个项目存在较大的差异，因此应根据实际情况，针对性、高效地制定成本控制方案。许多建筑施工单位虽然制定了事前成本控制方案，但内容并未明确，或直接照搬类似工程，若产生问题，并不能及时运用有效的应对手段，这就会使成本管理渐渐流于形式化。

（三）工程项目成本管理中缺乏风险应对机制

科技不断进步、各项成本的增加、市场竞争日渐激烈、物质资源相对稀缺等因素导致工程项目面临很多潜在风险，而这就会使企业的竞争能力受到极大的影响，此外，由于工程项目成本管理中缺乏风险应对机制，故此使建筑施工企业的稳健发展受到影响。

（四）缺少责权利对等的奖罚制度

在建筑工程成本管理系统内，项目经理职责的履行尤为关键，在成本管控工作与工程效益层面上对分公司负责，但其他业务部门主管与各部门管理人员均应履行自己的职责，制定科学的权利与利益相协调的管理制度，真正约束并且激励工程项目成本管理工作的落实。但目前的工程项目成本管理工作并未重视考评奖罚制度的制定与落实，"健康因素"与"保健因素"并没有联系起来，责权利三者的关系并不科学。

三、加强工程项目成本管理的策略

工程项目成本的管理在工程项目测算、实行以及验收的整个阶段中得到落实。因为工程项目自身具备一定的特殊性，因此，对工程项目成本展开过程管控工作能使成本得到减小，并且工程项目成本管理也能不断得到完善与优化。下面文章针对工程项目管理的关键性步骤进行分析，进而阐述强化成本管理工作的措施。

（一）测算阶段

第一，分解项目施工成本。明确工程项目的建材、人工、设备、管理人员劳动力成本、办公费、通讯费、差旅费等的实际支出，进而完成作业时各项目的实际管控目标，还要把这个目标发布到相关部门。第二，开工前进行成本预测，明确成本目标。在项目施工前，组建成本核算领导团队，并且组织人员针对施工当地市场进行调研，依照中标价对比计划成本与责任成本，之后根据中标价、当地资源与启用团队状况制定责任成本预算，进而明确责任成本的实际目的。

（二）实施阶段

第一，成本管理应针对项目施工的整个过程中所产生的成本进行监控，采集相关信息与数据，比较计划值与实际发生值，并且依照比较结果，分析实际成本是不是高于计划成本，或节约了多少，并针对性地运用科学的对策强化工程项目成本管理工作，进而使工程项目实际成本能符合计划成本范围。第二，确定责权利，真正实现实行、考评都有理有据。根据经济责任制的实际需求与条件，始终秉承责、权、利三者密切联系的根本原则，不但强化安全、质量、行政管控工作，还不断完善各种激励制度与考评机制。第三，细化成本控制计划，把目标真正细分至个人。成本控制计划其实就是在项目经理的管理下，运用成本预测的数据所开展的，这其实就是以货币模式预先设计各个项目施工阶段中生产耗费的预估总水平，依靠各个项目成本方案能明确对比项目总投资要完成的计划成本降低额和降低率，还要根据成本管控的实际层次、相关成本项目与项目进度分时期分解成本计划，还要编制成本落实计划。

（三）验收阶段

第一，工程项目竣工后的成本审计剖析，不仅是经济核算资料档案管理的科学方式，而且对工程项目成本管理的总结分析非常关键。在项目竣工后，务必构建将此项目当成对象的经济核算资料档案，若存在必要，还应以附件的方式将施工经验与教训记录下来。第二，就实际情况而言，许多项目没有竣工扫尾，并且技术主力大部分在其他在建项目内，这就使扫尾工作效率得不到保障，并且设备、器械的转移工作存在较大的困难，但成本还是一样产生，这就会使已得到的经济利润渐渐流失。鉴于此，务必精心组织竣工扫尾工作，进而使竣工阶段所耗费的成本缩减。

（四）完善合同文本，防止产生法律损失

工程施工过程中所产生的各项经济活动，均是以协议或合约的方式产生的，倘若合约的条款出现疏漏，对方就极有可能钻空子，进而使企业遭受损失时，原本的索赔条款并不成立，导致企业承担原本不需要承担的损失。鉴于此，务必重视合约条款的制定，经济合约管理工作人员应保持相对固定的状态，并且还应掌握经济合约法规的相关理论知识；其

次，应强化经济合约管理工作人员的责任心；最后，应编制切实相对固定的合约标准格式。

（五）工期成本控制效益

工期和成本两者关系的处理是施工项目成本管理质量的决定性因素，也就是说工期成本的控制和管理工作对企业与项目经理部而言，并不是工期越短，成本管理工作的效果就越好，而是应借助科学调整工期的方式，获得最合理的工期点成本，从而实现工期成本的最小化。

工期成本管理其实就是科学地处理工期和成本两者之间的关系，进而使工期成本总和实现最小化。工期成本主要体现在下面两点：第一，由于工期延误所产生的业主索赔开支，而这种现象可能是因为作业条件与自然环境恶劣所导致的，当然，也可能是因为内部不利因素所导致的，由于内部不利因素所导致的工期损失，延误的时间越长，就会致使经验的积累越少。第二，项目经理部因为要保障工期，需全方面地分析工期成本的各项因素，进而得到工期成本最小的理想点，此理想点同样是工期最短而施工开支最小的最佳点。

综上所述，建筑施工企业科学地管理工程项目成本，能使企业的生产运营开支降低，进而使企业的经济效益得到提升，最终强化企业综合竞争力。此外，合理地管理项目成本，能切实增强部门之间沟通、配合的能力，进而使企业内部形成良好的凝聚力，提升有企业管理效率。鉴于此，施工企业管理人员应科学地认识项目成本管理的价值及意义，切实落实项目成本管理工作。

第二节　建筑工程项目成本管理模式的构建

工程项目成本管理基本理论的基础，构建基于目标成本合同的工程项目成本管理体系，分别从业主和承包商两个层面研究成本管理体系的实施方法。主要做好勘察设计、招标采购、施工和结算各个阶段的成本管理工作。承包商要在企业管理层和项目部层面实施目标成本管理方法，以实现目标成本。

当前，建筑工程企业新一轮的竞争将会更加剧烈，加之建筑工程（包括材料、人工、机械、管理等方面）成本的增加对建筑工程企业盈利的负面影响，建筑工程企业寻找新的出路已迫在眉睫。而成本管理作为促进增收节支、加强经济核算的有效方法成为很多建筑工程企业率先抓住的稻草，对于建筑工程企业来讲，建立对建筑工程项目全面的成本管理体系对于保障建筑工程项目的效益是必然选择。

一、工程项目的成本管理

（一）成本管理

成本管理是工程生产经营过程中对成本分析、成本核算、成本决策和成本控制的科学管理系统的总称、是企业管理中的一个重要组成部分。要求管理系统全面、科学合理；加强经济核算从而增产节支；改善企业管理提高整体水平。成本管理一般包括成本预测、成本计划、成本分析、成本核算、成本决策、成本控制和成本考核等职能。

（二）工程项目的成本管理

工程项目的成本不仅仅是开始项目建设中所产生的费用，他是从工程项目建设初期策划方案的开始一直到工程的验收之间的每一个步骤发生的资源消耗（包括人力、财力、物力）的金钱实际体现。工程项目成本管理主要是指在项目实施具体的过程中，能够确保项目在成本预算内，尽可能少消耗资源来达到工程预期目标。

建筑项目的成本管理自始至终应当贯穿在该项目实施的每一个阶段，依据项目大小、施工难度等制定出人力资源、材料物资等全面需求计划，并对其可行性进行研究，同时在编织项目成本预算计划的时候应当考虑可能发生的外部因素的影响，而且尽可能全面考虑，然后把成本计划及预算作为出发点，对实施的具体过程进行成本控制。一般来说具体的操作过程主要包括：资源计划、成本估算、成本预算、成本核算、成本控制、成本决算。

二、建筑工程项目成本管理模式的构建

（一）成本控制的原则

项目管理中的成本控制是项目管理的主要职能之一，是施工企业成本管理的核心和基础。所以在进行成本管理中的成本控制时，需要遵从以下几个原则。

（1）全面控制原则。就是全企业、全体员工和全过程的控制管理，在工程项目这个系统活动中进行控制，从各个环节、各个部门和全体员工的生产过程入手，进而对企业的各项成本进行管理。全面控制就是对项目的组织和管理人员分析项目目标影响因素能力的考核，明确自身工作义务确保自身工作目标不发生偏差。（2）动态管理原则。工程的实施过程是按照计划实施的动态施工，对于施工中出现的动态变化，科学调整原制订的成本管理的方法和措施。依照控制工作的原定目标，调节各种突发性问题的偏轨，方便下一阶段成本控制。及时纠正施工中的偏差，防止实际成本偏离预算成本。

（3）主观导向原则。管理部门对于项目实施中的管理控制，要依靠有条理的奖罚制度，充分发挥出管理人员和施工人员的主动性和责任心，明确规划个人权利和企业权益，主观引导各个部门的工作责任心，健全上下级协调系统，确保项目质量。

（二）成本控制的方法

成本的控制方法可分为事前策划和多样投入两个方面。建筑工程一般是先交易后生产的方式，那么事前的成本策划则是项目生产方经营活动最直接的影响因素。事前依据项目投标到竣工的各项成本数据形成一个包括预算成本、目标成本、施工预算计划成本的策划成本，是对项目成本控制过程中的动态预计分析。而投入的多样性也是项目成本的一个组成部分，不同的分部分项工程中，既有分包单位的投入又有业主的设备材料投入，形成最终的建筑项目产品与预计的施工期间的投入成本是完全不同的，项目成本必须依据项目管理的具体情况而核算。项目成本控制主要有以下几个方法。

（1）目标成本预测法。对于建筑产品向社会提供的功能是经过勘察、设计、施工和设备安装等一系列劳动而形成的，那么建筑工程的固定性、多样性和巨大价值的特点决定了产品的成本计算是由功能和图纸的不同而具有分别计价的特点。在施工期间，投标和工程商谈阶段，依据招标文件、工程图纸、地质勘探和支付条件对制订的项目预算成本和预计的项目目标对比，从而确定项目最终实施的目标成本的预测方法称为目标成本预测法。

（2）成本因素分析法。建筑工程的主要成本由直接成本和间接成本组成，其中直接工程费和措施费组成工程的直接成本，规费和间接费用组成工程的间接成本。成本控制的主要对象是施工期间发生的直接成本。其优点是将项目成本超支的具体原因分析出来，是项目成本管理控制的主要分析方法，缺点是由于分析因素较多则时间较长。此方法多用于项目施工阶段。由于成本控制的不同阶段需要借助不同方法发挥作用，那么多种方法的结合可以给成本控制提出更加方便和快捷的管理方式。

（三）建设成本管理控制的应对措施

（1）做好成本预测和成本控制目标。要加强成本控制首先要重视成本预测，成本预测是施工项目成本决策与成本计划的基础，深入成本预测预控和经济合同，预算出项目各成本后，各种成本计划和施工预算要一同开展工作。因此成本预测对提高成本计划的科学性，降低成本提高经济效益具有重要的作用。实现成本控制的目标，需要将优化的预测目标与施工技术组织方案、降低成本措施有效结合，将公司各部门的责、权、利明确，按照合同深化责任承担制度，自觉履行工作义务，保质保量顺利完成项目。

（2）提高工作人员素质和责任感。不断开展岗位培训和专业培训，加强职能部门的监督，提高成本核算人员业务素质，严格行使职权，遵守财会纪律，要求财务人员收集整理各项文件和工作的相关签证手续按照规范进行。定期组织内部学习交流，强调成本管理始终处于纪律和制度的约束中，达到各个项目工作管理模式最优化。

（3）加强管理监督，提高材料机械利用率。充分挖掘核算部门的潜能，发挥其职能和相关人员的积极性。施工过程中，严格把握工程的质量，贯彻"至精、至诚、更新、更优"的质量方针，将各个部门的质量自检人员定点、定岗，将加强施工工序质量自检的管理监督工作贯穿到整个系统中。一般情况下材料成本占项目成本的比例都超过55%，全过程全方位的材料管理是提高材料使用率的直接方法，严格执行材料消耗定额，按定额发料，超出定额查明原因追究责任。施工机械可以采用外部租用以减少折旧和保养费，开展单机、单车等多种形式的内部经济承包核算，以提高机械的作业产量并减少油料消耗。严格按工程质量要求进行作业操作，减少不必要的返工损失。

加强企业施工项目成本管理是节约成本、挖掘潜力、提高收益的必由之路。利用组织措施、经济措施和技术措施将成本进行科学管理和有效控制，合理预算控制降低成本，不仅可以提高企业整体竞争力，完善成本管理体系，对项目效益和个人收入也有巨大的影响。建筑工程企业要将采购、技术、研发、物流、财务等过程结合起来，完善相关制度建设，以达到对成本管理与控制。

第三节　建筑工程项目成本管理信息化

近年来随着信息技术的快速发展，工程项目成本管理加快了信息化建设，这对建筑行业的现代化发展起到了积极的促进作用。本节从我国建筑工程项目成本管理发展简介入手，对建筑工程项目成本管理信息化进行了说明，并进一步对项目成本管理信息化控制过程进行了阐述，最后对项目成本管理信息化过程中需要注意的问题进行了分析。

在当前市场经济环境下，我国建筑业加快了现代化的发展进程，再加之当前信息技术在建筑行业中的有效应用，一些新理念和新技术有效地提高了建筑工程项目管理的水平。成本管理作为工程项目实施过程中非常重要的一个环节，由于我国在工程项目成本管理中引入信息化技术的时间较短，针对这方面的研究也处于初级阶段。因此需要在实际工作中，要与工程项目成本管理模式和理念有效结合，增快思想观念上的转变，采用信息化管理模式来强化项目成本管理水平。

一、我国建筑工程项目成本管理发展简介

当前经济全球化的发展，在建筑工程领域中，国外的一些关于工程项目管理模式和管理思想对我国传统的工程项目管理模式带来了较大的冲击。由于我国建筑企业之间相互独立，预算、核算体系及工作方法等都不同，这也致使工程项目成本管理越来越无法与当前社会经济发展需求相适应。因此将信息化手段引入到工程项目成本管理工作中来，依托于网络、利用计算机及相关成本管理软件来建立我国建筑工程项目成本管理信息化模式，将各建筑企业中各部门的信息进行整合和共享，构建统一的成本管理信息系统，从而为企业发展提供全新的思路。

二、建筑工程项目成本管理信息化概述

（一）项目成本管理信息化简介

建筑工程项目成本管理信息化即以企业内部网络为依托，每个部门运用一些功能软件来建立一个完整的数据库，对每一项成本信息地蚝规范整理，并对现场信息进行有效控制，确保发布的信息的准确性和完整性，实现企业内部信息和交流的及时性，从而对项目成本进行有效控制。

（二）项目成本管理信息化的特点

1. 进度计划是项目管理的基础

针对工程分部分项来对工作项目进行细化，并对每个工作项赋予时间参数，因此可以说进度计划是将工程实体从空间和时间上详细分解成可以考量的节点，针对节点来对消耗性材料进行把控。

2. 项目的独立核算

建筑工程具有自身的独特性，工程项目具有一次性和独立性的特点，这就要项目不仅要独立核算，而且核算要及时，并仅限于该项目的核算。

3. 采购管理的重要性

在项目成本管理工作中，支出多来自于采购。因此需要在项目现场对人、材、机的消耗量进行管理控制，并对采购管理中的单价进行控制，有效地实现施工成本的节约。

4. 及时的盈亏分析

在项目开始时，即预期了总的收入，但随着进度的进行，实际收入也会随之变化。而且成本也呈动态变化状态，因此需要做好及时盈亏分析，从而为项目管理层及时决策给予重要的依据。

5. 及时的成本信息查询

在项目实施过程中，项目成本并不能完全按照预定的轨迹变化，不可避免地会与计划存在一定的差异，因此需要及时掌握项目成本。及时对成本信息进行反映，避免成本控制滞后现象的发生，以有效地控制实际成本变化所带来的损失。

（三）项目成本管理信息化的作用

1. 资源的优化

在项目施工开始之前，根据施工方案和进度计划会统一部署工程所需要的资源。但由于在实际工作中，资源与施工方案有着十分紧密的关系，因此项目成本管理信息化实现后，

就可以利用计算机来处理资源优化工作,使其更具科学性和合理性,确保施工过程中资源使用的均衡性,实现对资源的总体控制。

2. 统计及时准确

在施工现场所需要的材料十分繁杂,而且使用的机械种类也较多,这就需要项目部不仅要对材料消耗量情况和机械使用状况进行掌握,同时还要对各种结算信息进行掌握。完全依靠人力来完成很难避免失误。应用软件来搜集这些资料和信息,不仅十分简单,而且所获取的信息具有及时性和准确性的特点。使项目部管理工作更为方便容易。

3. 业务处理规范

工程项目成本管理信息化建设过程中,将项目部工作也纳入到了统一的信息化平台中,并按照平台上的流程来进行工作,工作更具透明性,工作结果也十分明确,实现了管理过程的有效控制。

4. 决策依据科学

利用信息化手段来采集工程成本信息,并根据不同角度来对其进行分析和判断,使判断结果更具余额宝论坛。能够使管理者及时了解施工过程中存在的问题,并迅速找到问题的源头,为管理者决策提供了科学的依据。

三、项目成本管理信息化的控制过程

(一)进行项目施工的预算

为了控制和了解工程项目是否盈利,在工程施工前必须进行施工图预算,让施工时有个明确的目标,并且预算还应该和施工进度同步进行,以便遇到不完善的地方可以马上修改数据,从而有助于管理信息化的发展。

(二)控制分析项目实际成本

项目实际成本关系到企业最后的利润,对企业的生存和发展非常重要。因此,我们要把每个阶段的项目实际成本进行自动控制,通过控制来对已经完成的劳务费进行自动统计,然后进行结算和付款;还可以自动控制分包的项目实际成本,并统计每个工程进度的工程款,并且指导分包的项目进行结算和付款。

(三)编码和录入数据信息

在控制分析项目成本之后,就要对数据信息进行编码和录入。具体过程是将那些结构化的数据按照相应的标准进行编码,编码后将相应的数据录入到数据库中,且必须把其录入到对应的位置,从而有利于工程项目的各个部门在项目成本管理过程中的交流和理解。

（四）对数据进行对比和分析

为了实时了解项目的盈亏情况，就必须利用信息化技术来对数据开展对比和分析。计算机软件可以根据工程进度来对成本预算进行控制和分析，可以生成很多样式的报表，根据分部工程的节点数据来绘制曲线，从而对数据进行动态对比和分析，动态控制项目进度，为其他项目的成本管理提供参考依据。

四、项目成本管理信息化中需要注意的问题

（一）数字化的管理

项目成本信息化建设过程中，在管理中会存在数据汇报不及时及信息交流不通畅等问题，针对这种情况，需要利用网络技术来动态管理成本数据报表，并将与成本有关的数据入库和导出，利用数字形式进行存储，从而为管理者随时查阅和对数据信息进行分析提供更多便利。

（二）项目成本的规范管理

项目成本管理缺乏规范化，每一笔成本费用无法让人清晰明了，因此在实际工作中，需要精细化分每种成本费用，并制定详细的报表，并与成本预算计划进行对比，最后制定一个总表进行归纳，进一步对项目成本管理进行规范。

（三）项目成本决策的科学化控制

项目成本决策时由于对成本对象缺乏全面认识，无法对其进行定量分析。因此需要在项目实施前就要制定周密的计划，有效控制项目实施的过程，并对项目实施后进行全方位分析，并项目管理者提供翔实的数据信息，为其决策提供科学的依据。

信息化技术引进建筑项目成本管理工作中来，有效地提高了项目成本管理的水平，降低了工程项目成本预算，全面提高了工作效率，实现了对成本的信息化管理，这对建筑企业提升自身的竞争力具有极为重要的意义。

第四节　施工阶段建筑工程项目成本管理

随着我国社会经济的不断发展，城市化进程也在不断加快，建筑行业发展迅猛，与此同时也使行业之间的竞争愈发激烈。为了能够适应快速发展的建筑市场，必须要加强企业自身的竞争力，才能够不断稳定地发展下去。因此必须要降低建筑工程项目的成本，增强建筑工程的质量，从而努力增加企业的经济效益。本节通过对目前建筑工程施工阶段的项目成本管理现状进行研究，从而能够找出施工阶段工程项目成本管理中的各项问题，并且

通过制定相关解决措施来进行改善，在保证建筑工程项目质量的前提下，为企业实现最大利润，使其能够长远的发展下去。建筑工程项目施工阶段成本管理研究对于建筑行业的持续发展具有非常重要的意义。

我国建筑企业众多，企业之间的竞争变得愈加激烈，为了提高企业在行业内的竞争力，企业必须做好自身的成本管理工作，缩减建筑工程项目成本，提高项目建设的经济效益。在降低工程施工成本的过程中，企业必须要加强项目施工阶段的成本管理，并针对这一阶段对影响施工成本的因素进行有效的分析和控制，保证成本管理工作的质量。但是，我国大部分的建筑企业在项目成本管理方面的水平普遍较低，仍然处于依靠以往经验进行管理的阶段，无法确定和有效落实成本管理的具体程序以及各部门的职责。因此，建筑企业需要对施工阶段建筑工程项目成本管理进行研究，为施工阶段的成本管理制定科学的管理规范，提高建筑项目成本管理水平。

一、建筑工程施工阶段成本管理的现状与概述

随着我国社会经济的快速发展，近几年来建筑行业有了一个井喷式的发展，是支持我国经济发展的一个重要支柱，建筑企业其施工阶段工程项目成本管理是保证企业发展的一个基础条件。因为建筑工程是一项非常复杂的系统性工程，所以其在建设过程中不可控因素较多，而项目施工阶段是其整个建设中最主要的一个阶段，经常会开展相关的工程造价预算以及事后造价复核工作，往往将施工阶段中成本管理与控制的重要性忽略，从而不能够有效地控制施工阶段中的各项成本投入，一些企业为了弥补这些损失，经常采取一些不正当的手段进行施工，对整个建筑工程的质量产生一定的影响，因此必须要及时地找出建筑工程施工阶段成本管理中存在的问题，并及时地进行解决。

二、建筑工程施工阶段成本管理存在的主要问题

（一）缺乏明确的成本管理意识

首先，一些建筑工程项目的管理者自身缺少相关的成本管理意识，往往都认为成本管理属于财务人员管理的范畴，与施工管理没有任何联系，自己只需要在建筑施工过程中保证一些施工技术的应用以及施工质量符合标准即可，根本不考虑相关的成本问题，造成成本管理意识非常淡薄。其次，对于施工阶段中要让工程造价与财务管理人员亲临施工现场进行各项工作的造价分析非常不现实，往往只能够通过预算来进行工程造价的预测，或者是实际造价形成后的结算。

（二）没有清晰的成本管理职责制

目前，很多的建筑施工企业不能够对成本管理进行全面正确的认识，简单地认为成本管理应该是企业财务人员工作的一部分，不需要其他人员的参与。另外，部分建筑企业的

管理者把项目施工管理工作完全交给了项目成本管理及财务会计人员进行负责。这种安排也直接导致工程组织、技术与材料管理人员间缺乏有效的沟通与衔接性，在后期导致了资源的浪费，并致使施工成本的不断增加。并且还需要注意的是，有些施工单位想要加快施工进度，无限度的增加施工设备与施工人员，这些问题同样也会导致施工成本的不断提升。而这些问题的出现基本都是由于没有明确的成本管理制所导致的。

（三）盲目追求施工进度

建筑工程项目施工阶段成本管理过程中，施工方过分的要求施工进度，不利于我们对施工成本进行控制。一般来说，科学合理的施工速度下进行施工速度的加快是有利于建筑企业效益的，而往往一些建筑企业都是通过加快施工进度来达到降低施工造价的目的，这样盲目地加快施工进度，很容易对建筑施工质量产生影响。

三、施工阶段建筑工程项目成本管理的重要措施

（一）实现人工费的有效控制

人工费用在施工过程中需要很大的成本支出，甚至占到了建筑工程总体成本 10%。随着人力资源市场的快速变化，人力成本还有升高的趋势，想要实现人工成本的有效控制，还需要从以下几个方面实现：①成本管理部门要具备成本观念。这就需要人事部门能够通过较低的成本获得比较良好的施工人员，但不能为了降低成本，而选择综合素质较差的劳动力，其在后期可能会导致建筑施工企业出现极大的经济损失，得不偿失；②则要促使招聘的有序进行。按照施工的实际情况，提前将施工过程的用人计划进行有效的制定，充分的了解当前人力市场的行情，从而对企业的用工成本进行计算，并及时地对用人计划进行良好的调整；③要对经验进行良好的总结。很多新建筑工程，缺乏丰富的用工经验，因此无法对于用工成本进行计算，所以要通过持续的实践，并及时地对经验进行有效的总结，有效的调整人员的支出，使其逐渐有序化和合理化。

（二）树立正确的成本管理控制理念

建筑工程施工阶段成本管理中，必须要加强相关成本管理控制理念，只有树立正确的成本控制理念，才能够真正地将施工阶段中各项成本控制工作做到位，才能够真正地认识到施工阶段成本控制管理对于整个工程建设的重要作用。

（三）提升质量管理的效率

工程质量和工程造价成本虽然给人感觉存在较大的矛盾。但其作为相辅相成的内容，只有做好相互协调，达到质量与成本的双赢，才能够被称为好的工程项目。理论上来说，只有在工程投入更大的情况下，其才能够有较好的使用质量，理论上这样的观点是正确的。但在其实际的施工中，由于考虑到施工成本和工程项目的利益，往往无法对全部的项目和

环节都进行高标准质量的建设。

总而言之，在对建筑工程施工项目的施工阶段成本进行管理的过程中，需要采用更为先进的成本管理理念以及控制方式，彻底改变传统的经验管理模式，消除这种管理方式的弊端，提高施工阶段建筑工程项目成本管理水平，降低建筑工程项目的整体施工成本，提高项目的经济效益。

第五节　会计核算在建筑工程项目成本管理中的作用

在社会经济不断发展的背景下，建筑行业运行进程逐渐加快，市场竞争也随之加剧。建筑工程属于一项系统性并且复杂化的项目，加强成本控制对于建筑企业经济效益的提升有着良好的作用，并且将会计核算落实于成本管理也能够产生极高的效果。基于此，就需要做好会计核算作业，在提升资金管理效率的基础上增强企业竞争实力。在本篇文章中，主要以会计核算为主，重点阐述了其在建筑工程项目成本管理期间产生的作用。

所谓建筑工程项目成本管理工作，其实是指在工程项目开展期间，从成本费用支出情况入手，对其进行提前预测或者是计划以及核算，以减少成本输出为目的。当前阶段，做好该项工作能够提升企业管理效率，促使工程稳定开展，并且会计核算是项目成本管理期间的关键部分，其产生的作用极高。

一、对于会计核算和成本管理的论述

（一）会计核算

在建筑工程成本管理包含了两个环节，分别是集中式管理以及单独性的管理，集中式管理环节的落实，有利于企业了解到不同项目的成本管理现象，通过监督施工过程中的成本来减少成本输出。而项目单独管理工作的实施，既可以缓解企业项目核算的压力，同时还能够帮助管理人员将成本实际管理现象反映给上级领导，从而为税收筹划提供良好的依据。

（二）成本管理

成本管理包含了两个方面，分别是财务管理和成本管控，一般是在企业运行期间管理和优化资金，根据实际情况对成本加以监督和控制。从实际情况来看，财务成本可以从两种性质上进行探究，其一，广义性质，广义是指在项目开展期间，企业输出的全部资金。而狭义则是指将成本控制在某项限定区域内。通过探究得出，狭义的定义往往高出广义定义的应用程度。

二、在建筑工程项目成本管理期间会计核算产生的重要作用

（一）能够提升成本管理水平和材料管理效益

当前，制定完善的会计核算制度可以增强建筑工程成本管理的有效性，并且要想实现核算管理水平的提升，少不了完善管理体系的辅助作用，其中涉及了企业资金统筹管理方式、财务收支体系等多个方面，在动态性管理工程成本的过程中达到成本监督管理流程和会计核算管理程序相互协调的目的。

加大对成本的监督控制力度能够提升材料管理效益，促使项目稳定开展。目前，在控制项目造价成本的环节中，材料成本在工程造价整体中占据的比例是非常高的，就需要控制好材料成本。在现有的成本管理期间，一旦会计核算远远超出了之前预算的成本，就必须明确管理中的相关问题，予以解决，以此避免材料过度消耗。

（二）会计核算是制定完善项目成本核算管理体系的关键

目前，提升项目管理水平的核心在于构建相应的项目经理责任制和项目成本核算制，项目成本核算制是不可缺少的一个方面，一旦失去了项目成本核算制的帮助，那么项目经理责任制是无法发挥出良好作用的，而且，项目成本核算还是实施项目成本管理工作的关键，少了成本核算，其他类型的成本考核、控制以及计划根本无法开展。对于企业核算部门来讲，务必将自身的职能体现出来，加深人员对于成本管理重要性的了解程度，紧抓工程质量，严格控制成本核算环节，以此实现经济效益的提高。其次，在项目管理期间，会计工作起着决定性的效果，基于此，就需要制定健全的会计核算方式，配置专业性强并且经验丰富的财务人员，将原始凭证、会计凭证和账簿均统一整合到一起，明确项目成本的基本原则和目标。

（三）会计核算是成本核算制度的核心

会计核算制度的作用一般表现为项目结束环节中，在项目部解散之前，重点做好会计的清算工作，分别是外部和内部清算，当处理外部债权的时候，需要在退场之前进行结算，详细的检查数额，只有确保无误之后，才能够进行签证，以此增强债权的真实性。当处于债务的过程中，其实和外部债权处理相同，也是严格进行审核，面对于存在异常现象的设备必须加以处理，增强设备的性能。其次，内部清算工作的开展，严加检查材料和设备，整理好各项租赁设备，在确保无误之后返还给租赁市场。在设备或者是周转材料缺乏的情况下，均是由项目部门进行承担的，材料、货币清点也需要计入项目成本中。最后，将会计档案相互整合到一起，再加以整理和装订。

三、在建筑工程成本管理期间发挥会计核算作用的对策

（一）使用合理的会计预测和财政预算方式

从实质情况来看，会计核算主要是对建筑工程施工成本展开有效的分析，而且要想将该项功能体现出来，相关单位应当组建专业性的施工和会计核算团队，确定最终的目标成本，将其列入会计核算对象清单中，使用合理的会计预测方式来分析各个环节。一般来讲，可以将项目成本简单划分为三个方面，分别是企业管理费用成本、施工期间的费用成本和直接工程成本，在分别评估三方面之后对工程整体成本加以预测，最后，制定合理的中标价格，保证施工设备和材料的充足性。

（二）对会计核算方式加以创新和改进

在工程开展期间，相关人员需要对各个环节进行动态性的分析，制定出便于控制工程成本的会计核算方式，把工程管理的影响因素全部考虑在内，结合实际现状进行管理。再者，创新和优化会计核算运行方式，严格管理和监督施工材料验收和清点作业，以此避免发生过度领取材料的现象，从一定程度上遏制假账行为。

（三）规范性的对会计项目进行设置，构建辅助备账进行核算工作

无论是何种类型的项目，在开工环节中均面临着成立新账的情况，首先要做的便是规范性的对会计项目展开设置，明确各项科目的级数，与此同时，为了避免核算期间发生会计报表取数难的现象，可以增设查账簿登记或者是辅助备查账的方法展开会计核算工作，在会计核算工作包含的部门较多的情况下，可以按照会计科目具体情况引进辅助核算的方式进行计算，这样一来，还能够减轻会计核算人员的工作压力，促使工作更快开展。

（四）全方位的管理工程财务资金

在会计人员对资金进行管理的过程中，必须清晰地了解到各项资金的使用情况，做好相关的记录工作，与此同时，会计人员自身还必须树立正确的财务资金管理理念，认识到强化管理的必要性。首先，选择与之相符的会计管理方式来减少资金管理风险的出现，规范化的管理资金，集合各个单位呈交的清单来分配资金、设备以及材料等，最后，落实资金管理体系，提升资金使用效率，以免资金管理期间发生不规范性管理的情况，确保会计核算工作得到更好地开展。

在建筑工程项目成本管理期间加强会计核算力度是很有必要的，其是提升项目运行进度的重点，合理的实施会计核算工作能够明确工程中的成本输出情况，通过完善施工计划来提升工程质量，推进项目有效完成。

第八章 建筑工程项目资源管理

第一节 建筑工程项目人力资源管理

随着社会主义事业的蓬勃发展，我国经济产业的发展形势一片大好。其中建筑行业的发展势头尤为猛烈。而在市场规律作用下的建筑企业面临着越来越大的竞争压力。在这种情况下，就需要建筑企业设法提高自己的综合竞争能力，以达到自己的长远发展目标。而人力资源管理就是不容忽视的一个重要问题，应受到建筑企业的重视。下文就将针对当前建筑工程项目中人力资源管理工作存在的问题进行分析，并对改进措施进行研究。

人力资源管理工作作为建筑企业工程项目管理工作中的重要组成部分，其管理水平往往直接影响着建筑企业的发展。但是，当前建筑企业在人力管理工作人员还存在一些疏漏，使其不能发挥出最大的效用，不能把将人才变为企业的主要市场竞争优势，已经成为影响建筑企业发展的重要问题之一。

一、建筑工程项目相关研究

（一）建筑工程项目的含义

建筑工程项目主要是指一个具有总体设计任务的，能够独立进行经济核算的，且具备独立组织管理形式的工程建设项目，而其中又涵盖了多个细化概念，具体包括工程建设项目、单相工程、单位工程、分部工程与分项工程等。而这些单相工程常常以组合的形式构成建筑工程项目，也就是说在建筑工程项目中大多是由一个或多个单相工程组成的。

（二）建筑工程项目的特性

建筑工程项目的特性主要体现在以下几个方面：其一，目标极为明确。其二，建筑项目工程是一个整体。其三，工程项目在建设施工中应遵循一定的程序。其四，建筑工程项目在施工中常常受时间、资源与质量等因素的约束。其五，建筑项目施工要求一次完成。其六，建筑工程项目受到多种风险因素的威胁。

二、人力资源管理相关研究

（一）人力资源管理含义

人力资源管理这一概念主要是指通过掌握的科学管理办法，来对一定范围内的人力资源进行必要的培训，进行科学的组织，以便达到人力资源与物力资源充分利用。在人力资源管理工作中，较为重要的一点就是对工作人员的思想情况、心理特征以及实际行为进行有效的引导，以便充分调动工作人员的工作积极性，让工作人员能够在自己的工作岗位上发光发热，适应企业的发展脚步。

（二）人力资源管理在建筑工程项目管理中的重要性

人力资源管理工作作为企业管理工作中的重要组成部分，其工作质量会对企业的长远发展产生极为重要的影响。而对于建筑企业来说也是如此，这是由于在建筑工程项目管理中充分发挥人力资源管理工作的效用，就能够帮助企业累计人才，并将人才转化为企业的核心竞争力，通过优化配置人力资源来推进建筑企业的可持续发展。

三、建筑工程项目中人力资源的缺陷

（一）管理者观念的落后

自进入 21 世纪以来，我国科技事业的发展有目共睹，当前人们的日常生活已经受到了科技的极大冲击，人们的生活方式已经发生了翻天覆地的改变。而随着社会的不断发展，各行各业在寻求可持续发展的道路上都应与时俱进的改更新管理观念，特别是对于建筑行业来说，就目前而言，大部分建筑企业在人力资源管理工作中所应用的管理观念都较为落后，不仅不能够对企业中的人力资源进行合理配置与培训，不能够为企业培养出精兵强将，同时还会因管理观念落后而对人力资源管理工作重要性的发挥严重阻碍，会对企业工作人员岗位培训与调动等产生不良影响。再加上，部分人力资源的管理工作人员缺乏对信息技术的正确认识，不能利用现代化的眼光来对人力资源管理工作理念进行改革，不利于建筑企业的长远发展。

（二）人力资源管理体系的不完善

与此同时，当前我国部分建筑企业都缺乏对人力资源管理工作的重视，没有建立应有的人力资源管理体系，使得人力资源管理工作的开展无法得到制度保障。在这种不完善的管理体系指导下的人力资源管理工作质量也就不能得到有效保证。只有完善健全的人力资源管理体系制度才是彻底落实管理措施的基础，才能够为人力资源管理工作的进行保驾护航。还有的建筑企业建立了人力资源管理体系，但是却没有及时对其进行更新与优化，使其不能满足当前人力资源管理工作的需求，也就无法为企业发展提供坚实的人力基础。因此，人力资源管理体系的不健全也是影响建筑企业人力资源管理工作质量的重点。

（三）缺乏完善的激励机制

当前我国建筑企业人力资源管理工作大多还缺乏完善的激励机制，而导致这一问题出现的原因主要在于部分人力资源管理工作人员忽视了奖金对工作人员的激励作用，不用利用奖金来充分调动工作人员的积极性与工作热情，也就无法在建筑企业内部创造一个良好的竞争环境，不利于实现企业的长远发展。与此同时，还包括晋升机制的不完善。我国大部分建筑企业在对工作人员进行岗位晋升时都不重视对其工作绩效的考察，或是对其工作绩效情况进行了考察，但是并没有起到应有的作用，进而在一定程度上阻碍了工作人员的积极性，也就无法保证工作人员能够全身心地投入到岗位工作中，这对于实现企业经营发展目标是十分不利的。

四、针对人力资源管理改进措施的措施研究

（一）管理者观念方面

首先，基于管理观念落后对人力资源管理工程产生的不利影响，企业应重视对先进管理理念的学习与应用，摒弃传统落后的管理观念，为提高自身人力资源管理水平奠定理念基础。这就需要企业的人力资源管理者能够对重视对自身专业水平的提升，积极学习新的管理理念，并充分使用互联网信息技术等来进行人力资源管理能力的自我锻炼，以便为提高建筑工程项目人力资源管理水平奠定基础。

（二）管理人才培养模式方面

其次，建筑企业还可以从管理人才培养方面进行着手，通过提高管理团队的综合素质与专业水平来实现对人力资源管理工作质量的提升。这是由于工作人员是建筑企业开展人力资源管理工作的主体，其素质状况直接影响着人力资源管理工作效果的发挥。再加上，建筑工程项目管理中的人力资源管理工作量较大，工作内容较为复杂，这些都要求人力资源管理工作人员应具备较高的素质与水平。

（三）建立健全的人力资源管理体系

再次，企业还应重视对科学人力资源管理体系的建设与完善。因此，企业应重视对人力资源管理体系的建设与完善优化，以便为当前的建筑企业人力资源管理工作提供方向性的指导。在这种情况下，就需要相关工作人员适当的借鉴一些成功经验，在经验引用过程中应重视遵循企业自身实际情况，以防出现画虎不成反类犬的问题。只有建立一套符合企业发展规划的人力资源管理体系，才能够确保人力资源管理工作的开展是极度贴近企业发展目标的。

（四）建立完善的激励机制

最后，建筑企业还应重视对激励机制的建立与完善，以便能够充分调动工作人员的积极性。这就要求企业应将工作人员的工作绩效与薪资水平挂钩，以激发工作人员的主观能动性。同时，还应对工作态度认真且有突出表现的工作人员给予口头表扬等精神层面的鼓励，进而在企业内部形成一种积极向上，不断提高自己能力的工作氛围。此外，企业还应将工作人员平时的绩效考核情况与其岗位升迁等进行紧密联系，并重视对人才晋升机制的完善与优化，引导工作人员实现自主提升，并逐渐推动企业的健康发展。

综上所述，随着市场经济体制作用的逐渐深入，建筑企业间的竞争也变得越来越激烈。在这种大环境下，就需要企业重视对人力资源管理水平的提升，应针对当前实际存在的问题来采取一些有针对性的改进措施，以便充分发挥人力资源这一竞争优势，进而促进建筑企业的健康发展。

第二节　建筑工程质量监督行业人力资源管理

目前，人力资本已成为各企业发展的重要资本，日益受到人们的关注和重视。建筑企业作为国民经济体系的重要组成部分，是国民经济发展的支柱性产业之一，在通常的观念里，我国人力资源数量大、劳动力价格偏移，但随着社会和公众对建筑质量的要求不断提升，其这些所谓的优势并未得到充分发挥，同时且面临着建筑工程质量监督人力资源素质低、科技含量低等问题，故加快人力资源的开发与管理，已经成为建筑行业的一个共识。本节主要对建筑工程质量监督行业人力资源管理存在的不足及相关措施进行分析，以提升建筑业人力资源的质量和实力。

改革及开放以来，我国国民经济呈现高速发展的态势，特别是建筑业、房地产业对经济发展所起到的作用日益明显，奠定了其支柱产业的地位。基于这一重要性，建筑工程质量监督站已初步形成完善的省、市、县区级工程质量监督管理网络，但当前的社会监管体系是在计划经济条件下形成的，比如监管资源相对分散、监管过细等，无法形成有机的统一。因此，当前建筑工程质量监督行业人力资源机制与管理模式上尚存在诸多不足之处，构建完善的人力资源管理模式，对于增强建筑行业的核心竞争力具有十分关键的意义。

一、人力资源管理的概述

从企业管理的角度来说，人力资源是指由企业支配并加以开发、依附于企业员工个体的，且对企业效益与发展具有积极作用的劳动力综合。人力资源管理以开发和合理利用人力资源作为基本内容，通过控制、组织、协调和监督等手段对人力资源进行开发整合，以充分发挥企业团体的作用。

人力资源管理与开发的必要性主要体现在以下几点：

（1）是现代化大生产的要求。在现代化的大生产中，员工职业技能的教育和培训已成为现代企业进行生产经营活动的基础，也是现代化大生产方式的客观要求和必然产物；只有通过培训和开发，员工才能掌握、熟悉并提高自己的技能，参与复杂的劳动协作和企业的管理工作；

（2）是迎接新技术革命挑战的需要。当今社会已步入了信息社会和知识时代，技术更新、产品更新、设备更新、管理更新的速度大大加快，企业要想在激烈的市场竞争中立于不败之地，就必须适应并跟上科技发展的步伐，不断充实、更新和提高员工的知识、技能、素质，而上述这些只有通过人力资源的合理开发和管理才能实现；

（3）是提高劳动生产率和经济效益的重要手段。员工在生产过程中学习新技术能增加员工的人力资本存量，提高劳动熟练程度，从而提高劳动生产率；通过人力资源的开发活动，员工更新了知识，提高了技能水平，产品质量会大大提升，企业的管理水平也会有很大提高，从而增强了企业的整体竞争实力。

二、建筑工程质量监督人力资源管理中存在的问题及原因

（一）监督结构设置不合理

目前，我国地级质监机构（除省级质监站是独立的外）大部分是事业性质、企业化的管理模式，质监部门由市政府部门发文设立和定编，故建筑工程质量监督结构的人员相对紧缺，人事部门大多主要是根据本单位的情况灵活设定的，基本上是由办公室兼职。多数质监站基本上都是设立劳资与人事两块机构隶属于办公室，其中的矛盾也日益突出，比如一个人事部门，人员、编制不变的情况下，除了要管理干部劳资工作以外，可能还要承担向各级或各部门上报各类统计报表，管理各种保险、住房基金、职工培训等工作。这种情况下，由于事务繁杂，管理部门往往疲劳应付，造成人力资源管理效率低下，从而导致人力资源管理的弱化。

（二）人力资源管理目标不清晰

在人力资源管理上，观念落后、理解狭义等均会导致人力资源管理工作的随意性，进而造成规划及目标不清、职责不明。诸多建筑工程质量监督结构在招聘人员时，明确了本单位本科生应达到多少人、高级职称人数应占多少比例等简单化要求，但在实际操作中，这一要求离人力资源管理所要求的组织分析、岗位调查、岗位分析、岗位评价、配置机理、绩效薪酬、激励机制、考评体系等相比有很大的差距。

在管理人员的观念里，通常认为人力资源的开发与管理只是人事、办公室或某一级领导的事情。由于这种认识欠缺、理解偏差，部门或单位的管理者主动参与人力资源管理的积极性不高，进而缺乏与人力资源管理机构的沟通与协调，形不成合力，呈现出一种置身

事外的"旁观效应"。而事实上,人力资源管理是一项复杂的系统工程,除了要做好整体性规划外,需要机构领导和各职能部门的通力合作,例如:某部门空缺一个职位,而某员工申请了未获批准,其在日常工作中会表现得较为消极,影响工作情绪。若组织一套完善的提升政策,员工可以在组织中实现其职业发展,则员工对组织就会产生更强的忠诚感和献身精神。

(三)管理工作缺乏创新性

质监机构人事的重大决策权集中在政府行政部门,在机构设置、干部任免、职工进出、工资标准等方面自主权不够,大都还是沿用传统的劳动人事管理模式,多为被动的"管家式"管理的模式,根据上级劳动行政部门的工作部署或要求,以站劳动人享事务性管理为主制定工作目标。工作范围仅局限于上级部门的框框内,如:人手不够时招聘员工,需打报告请示上级领导及主管人事部门层层批准,给指标方可进人等。而人力资源管理应更加注重整个人力资源的供需平衡,对该项资源进行合理配置,实行主动开放式的系统管理。

四、关于做好建筑工程质量监督行业人力资源管理的建议

(一)合理设置监督机构,提高人力资源管理效率

明确当前的质监机构人力资源管理仍处于传统人事管理阶段,多数管理人员并未对人力资源管理有着一个深层次的认识和了解,故应强调重视对物的管理转变为对人的管理,决策人员应转变观念、解放思想,意识到人力资源是单位的第一资源,将人力资源管理作为各级管理人员的职责,而单位人力资源管理发展奠定一个可靠的基础。同时还应加强和完善人力资源管理,需构建完善的人力资源管理体系,成立具有战略意义的人力资源部门,该部门要求具有专业人力资源能力的人员胜任,且人员应符合以下条件:熟悉机构的业务;在机构中享有良好的个人信誉;能熟练掌握和应用现代人力资源管理的手段;熟知能如何推动机构的变革与重组等。

(二)坚持与时俱进,加强人力资源的开发

目前,管理水平和技术已成为决定建筑工程质量监督行业生存与发展的重要资源,人作为技能与技术管理的载体,其主动性、积极性和创造性的调动与发挥可直接决定着企业在市场中的竞争能力,最终决定着建筑工程质量监督机构的生存与发展。因此,需要树立以人为本的管理思想,高度注重人力资源的开发与管理,从当前的建筑工程质量监督结构的体制与现状来看,要想留住人才,应与其建立一种承诺和心理上的契约:

(1)承认人才的表现,为其提供创业、发展与参与的机会;

(2)营造宽松的工作氛围,使其能够控制住自己的生涯规划;

(3)改革物质激励的方式,创造更合适的激励工具,增强员工的事业使命感;

（4）提供公众广泛认知的奖励，满足人才的真正工作需求、成就感和事业地位感，以实现其工作的稳定。

（三）改善工作方法，注重工作的信息化发展

信息化时代的到来，使得人力资源管理的灵活性增强，比如可通过网上沟通、网上招聘的方式对人力资源进行管理，以提高人力资源管理工作的效率，确保人力资源管理者能将精力聚焦在更重要的管理工作方面，同时也可利用一些行政工作分包给专业化的公司来执行，由此，企业组织机构可由复杂化向简单化过渡，由金字塔向扁平化发展，增强员工工作时间的弹性及工作内容的选择性。

（四）塑造机构的社会形象，培育良好的企业文化

建筑工程质量监督行业应意识到当前建筑企业的竞争已逐渐由产品竞争上升到品牌竞争，质量监督行业要想在激烈的市场竞争中站稳脚跟，应以"诚信"、"效率"为基础和核心的市场经营观；努力树立"信用就是生命，精品就是市场"、"求实守约、追求卓越"等先进的理念，借助企业文化的建设，来改变队伍作风，提升管理水平，提高工程质量，增强社会信誉。

总而言之，建筑行业应将人力资源管理作为支持建筑工程质量监督机构长远发展的战略性力量，在企业使命、经营战略、核心价值观的指导下，使其能与组织机构、企业文化紧密结合起来，以达到能在短时间内提升企业业绩的目的，进而逐步实现企业长期战略性发展的目标。

第三节　建筑工程施工企业现场的人力资源管理

做好建筑施工现场人力资源管理工作，对建筑施工企业来说具有重要的意义。良好的人力资源管理，能够合理调度施工人员进入合适的工作岗位，确保工程进度和施工质量，保障施工有序进行，防止出现安全事故。本节针对建筑施工企业人力资源管理的特点以及存在的问题，提出相对应的策略，以供参考。

当前，各个企业的竞争已经从单纯的产品竞争逐步转向人才的竞争，人力资源管理也是提高企业竞争力的关键。建筑企业要想发展壮大，必须重视人力资源管理。在建筑施工企业现场的人力资源管理中，还存在一些缺点和不足，这与建筑企业人力资源的特点有直接关系。因此，要不断健全完善管理措施，推动企业的健康发展。

一、建筑施工企业人力资源的特点

建筑施工企业人力资源构成复杂性。建筑施工企业现场的人力资源管理较为困难，主

要在于人力资源构成复杂。有很多施工工人虽然具备丰富的施工经验，但知识水平较低，学历不高；还有的工人是辍学进入的年轻人，他们虽然具备一定的知识水平，但缺乏工作经验。还有部分建筑施工企业引进的专家型的管理和技术人员。正是这些不同层次的人才拥有的不同特点和不同的价值目标构成了建筑施工企业人力资源系统的复杂性。

建筑施工企业人力资源具有流动性。建筑施工企业以承建各种建筑工程项目为主，因此，一般没有固定的生产场所，人员流动性非常大。每个工程项目的规模大小不同，也使得人员构成不同，依据每个工程项目规模进行分配员工，施工企业的员工具有很大流动性，也使得企业人力资源管理的特点凸显出流行性。

建筑施工企业人力资源评价信息收集具有困难性。因为建筑施工企业的项目较多，并且分布较为分散，全国各地甚至国外都存在施工项目，有的工程项目环境较为复杂，地理位置偏僻，这些因素都给人力资源评价带来困难。有时信息难以及时传递到企业的人力资源的管理部门，使得信息的获得有显著的滞后性，给人力资源的管理情况带来很大困难。

二、建筑工程施工企业现场人力资源管理意义

做好建筑施工现场人力资源管理工作，对建筑施工企业来说具有重要的意义。首先，良好的人力资源管理，能够合理调度施工人员进入合适的工作岗位，确保工程进度和施工质量。其次，能够有效避免施工现场混乱的状况，保障施工有序进行，防止出现安全事故。最后，科学的人力资源管理，能够减少施工资源的浪费，节省施工成本支出。因此，建筑工程施工企业现场人力资源管理对确保建筑施工质量、提高建筑施工管理力度来说都是十分必要的。

三、建筑工程施工企业现场人力资源管理存在的问题

员工综合素质欠缺。大多数建筑施工企业拥有的人力资源种类有限，因为缺乏技术指导和高级人才导致工程进度缓慢的情况时有发生。并且，由于各企业对高新技术人才的竞争激烈，有些企业人才流失现象比较严重，很多企业都面临着员工年龄老化、现场施工人员技术不足等问题。

员工现场流动性强。在现场施工过程中，由于项目工程地点多变，施工企业的设备和员工，很多都不能随着施工场所的变动而变动，因此，施工企业大都采取临时聘任的人力资源策略。这种方式造成员工的流动性非常大，给人力资源管理也带来较大困难，施工现场也容易显得混乱。

人力资源管理缺乏长远规划。由于建筑施工企业的员工较多，一线施工人员文化水平较低，流动性强，企业在进行人力资源规划时，大都采取短期目标，而缺乏长远的规划。对于每个岗位的人员要求，缺少一个科学合理的规划，对部门与部门之间的沟通缺乏协调，对各部门内部的业务流程缺乏必要的规范，对人才的使用缺乏必要的统筹安排。因此，给

建筑施工企业的人力资源储备带来不良影响，也容易造成人力资源的浪费和流失。

缺乏有效人才评价标准。对于建筑施工企业，由于其工程管理上存在一定的地域性特点，很多企业的人力资源管理难以实现及时有效的评价。例如在交通位置不便的地区，由于条件限制，人力资源管理有一定难度，不能及时对员工进行绩效考核，造成反馈不及时，员工也容易产生不满情绪。同时，在对人力资源评价指标的构建和制定上，也难以达到有效贯彻和有执行。

四、建筑施工企业人力资源管理工作提出的应对策略

重视施工现场的人才选拔储备。施工现场需要大量的管理人员和技术人员，建筑施工企业应当重视这类人才的选拔储备。首先，建筑企业可从高等院校招聘相关专业的专业技术人才，防止施工工地上出现管理高级、技术低级的现象；其次，要注重对员工进行施工实践的培养，使其具备一线工作经验，将专业技术与实践结合起来。此外，企业人力资源管理部门要建立人才动态管理库，对每项工程的人才实施动态考评，依照表现情况进行使用和培养。

完善管理制度和企业文化。完善的人力资源管理制度能够为人才的管理提供依据和保障，是建筑企业人力资源部门不可忽视的。健全完善的管理制度可以充分调动员工的工作积极性和主动性，提高施工质量。同时，企业文化建设也是必不可少的，好的企业文化，能促使员工产生文化认同及强烈归属感，使企业士气高涨，为企业提高绩效，保留优秀员工及吸引外面的优秀人才起着很大的作用。企业要积极建立积极向上的企业文化氛围，使员工树立爱厂、爱岗、敬业的工作热情，只有建立完善的管理制度和企业文化，才能有效留住高素质人才。

做好人员的流动工作。做好员工流动工作，要注意分析员工流失的原因，从企业的工作环境，岗位要求等方面来思考。企业应当与员工进行积极沟通，避免员工由于误解对公司产生抵触情绪，进而影响工作质量和人员流失。针对员工的问题，要采取相应的管理措施，提高员工的个人价值实现，从生活上解决员工的实际问题等，最大化的为员工的成长创造有利的发展环境。

重视人力资源的协调与配置。做好人力资源的协调配置，能够有效减少人才浪费，保障每个人的才智都能有发挥的途径。首先，要对企业的每个员工进行分析建档，对知识水平、工作经验、专业节能以及职业道德等方面进行考察，结合员工的工作情况进行科学分配，科学合理地进行人力资源管理。通过人力资源的协调配置能够为企业的健康发展注入新的活力，更能从人力结构的调整中来促进人力资源的开发。另外，要注重定期开展员工满意度调查，通过收集员工反馈的问题来调整人力资源管理方式，建立相应的人力资源配置计划，对人力结构进行全面的分析，并充分考虑岗位与员工之间的对接难度，从而避免不必要的混乱。可见，重视人力资源的协调配置，能够有效保障企业的管理健康有序开展，

并为企业的发展提供动力。

综上所述，建筑施工企业现场人力资源管理具有自己的特点和缺陷，因为建筑施工企业的项目较多，并且分布较为分散，全国各地甚至国外都存在施工项目，有的工程项目环境较为复杂，地理位置偏僻，人力资源管理具有复杂性、流动性和困难性的特点。因此，要针对存在的问题和特点，及时采取有效的应对措施，结合员工的工作情况进行科学分配，对人力结构进行全面的分析，科学合理地进行人力资源管理，保证建筑施工企业的健康发展和效益提升。

第四节　建筑工程企业人力资源管理效能的评价

改革开放四十年来，我国建筑业快速发展。如今，建筑工业化时代，人力资源的作用越发重要，有些建筑企业人力资源管理模式比较落后，会影响企业持续健康发展。本节通过文献研究和理论分析，基于人力资源记分卡模型，融入创新、协调、绿色、开放、共享五大发展理念，重新设计建筑企业人力资源管理效能评价指标体系，利用 AHP 层次分析法确定指标权重；并以 HT 公司为例进行实证研究，提出对策和建议：科学设计薪酬福利体系，优化企业组织管理架构，实施人力资源精准管理。

实行改革开放以来，我国建筑业发展迅速，对城乡建设和民生改善贡献很大，已成为国民经济的支柱产业。但是我国建筑业仍然大而不强。2017 年 2 月，《国务院办公厅关于促进建筑业持续健康发展的意见》提出，要打造"中国建造"品牌，在人力资源管理开发方面，要求强化队伍建设，加强施工人员职业技能培训，以便提高工程质量安全水平，促进建筑业持续健康发展。

对于建筑工程企业，以工程项目为中心，项目组织具有临时性与开放性的特点，工程项目活动结束以后，项目团队成员就要离去或遣散。由于工作地点不断变迁，施工作业环境比较艰苦，员工技能素质参差不齐，人力资源管理工作事务繁杂。如何培养工程管理技术人才，营造内部公平竞争激励机制，让大家安心而快乐地工作，提高劳动生产效率，是摆在建筑企业面前的重要课题。

一、人力资源管理效能评价研究综述

所谓人力资源管理效能，从组织行为学角度，Ultich 将其定义为"人力资源管理职能或部门服务对象对人力资源管理职能或部门的感知"。

现在人力资源管理效能评价的方法有十多种，主要包括人力资源会计、人力资源关键指标、人力资源指数问卷、人力资源利润中心、人力资源计分卡等。

国内对人力资源管理评价的研究开展较晚，赵曙明等结合中国企业实证研究，基于

Frederiek E.Schuster 设计的人力资源指数问卷，设计出适合中国企业的人力资源指数测评方法。

吴继红、陈维政、吴玲介绍了人员能力成熟度模型的概况以及基于人员能力成熟度模型的人力资源管理系统评价方法。谢康、王晓玲等从人员成熟度角度，提出人力资源管理质量评价模型。

苏中兴通过分析社会转型期的中国管理情境，构建了中国企业的高绩效人力资源管理系统。曹晓丽、林枚从战略、运营、客户和财务四个方面出发设计指标体系，构建人力资源管理效能计分卡来评价人力资源管理效能。

肖静华、宛小伟、谢康基于高绩效工作系统和人力资源管理效能假设，提出企业人力资源管理质量（HRMQ）评价模型。张会芳建立了基于灰色理论的建筑施工企业人力资源管理效果评价模型。

对于人力资源管理效能的研究，国内外学者的研究比较系统全面，但实践验证相对不足。特别对于建筑企业人力资源管理效能评价，这是值得深入思考的领域。

二、建筑企业人力资源效能评价指标体系

企业人力资源管理效能评价主体，主要包括高层管理者、人力资源主管和直线部门主管，也有很多大型企业聘请管理咨询公司进行第三方评价。

人力资源管理效能评价客体，是企业人力资源管理过程及其效果。管理过程可以分为人力资源规划、招聘与配置、培训与开发、绩效管理、薪酬激励、员工关系管理六大模块；管理效果就是调动员工积极性，充分发挥员工潜能，为企业创造价值。

人力资源记分卡（HRSC）是由布莱恩·贝克（Brian Becker）、马克·休斯里德（Brian Becker）和迪夫·乌里奇（David Ulrich）于 2001 年在平衡计分卡的基础上提出的，他们勾画了将人力资源管理植根于公司战略的七步程序，明晰人力资源在战略中的角色，并依此对企业的人力资源管理进行评价。

曹晓丽、林枚的人力资源管理效能评价模型，从战略、运营、客户和财务四个层面进行管理效能评价。

傅飞强借鉴平衡计分卡和杜邦分析法的原理，构建了人力资源效能计分卡模型，该模型也从战略、运营、客户和财务四个层面对人力资源效能进行评价。

经过理论分析和文献研究，本节基于人力资源记分卡理论，融入创新、协调、绿色、开放、共享五大发展理念，并结合建筑工程行业的施工组织和人力资源管理特点，从效益、流程、客户、学习四个维度，选取经济效益、社会效益等 12 个一级指标，明确建筑企业人力资源管理效能评价指标集合。

常用的指标赋权方法有：统计平均法、变异系数法、层次分析法、德尔菲法和排序法。层次分析法（简称 AHP）是一种定性与定量相结合，系统化、层次化的权重确定方法，

可以使评估过程具有较强的条理性与合理性。

　　经过仔细比较各种评价指标赋权方法的适用情景，本节采用层次分析法进行指标赋权。首先，在上述企业人力资源管理评价指标体系的基础上，构建层次结构模型。根据 AHP 1-9 标度说明设计问卷调查表，邀请安徽省内建筑工程领域人力资源管理专家 5 人参与分析，将调查问卷发送给他们，请其就指标层、准则层、子目标与目标层之间的重要性进行两两排序，填入比较矩阵；计算每一矩阵中每一项因素的平均值，作为两两比较矩阵的标准值，这样可以更加客观地显现指标因素的重要性。

第五节　大型水电工程建筑市场资源要素准入管理

　　水电工程是技术密集型、劳动密集型、资源密集型行业，投入的队伍、人员、物资、设备等资源要素种类多、数量大，施工环境复杂，风险因素多变，对建筑市场准入管理要求严格。资源要素准入管理以现行法律为基础，以要素属性为标准，充分利用大数据、云计算、智能化等技术手段，确保合法与合格的人员、队伍、物资、设备等资源要素进入工程现场，严格规范资源要素在既定时间、空间发挥作用，确保工程建设质量、安全、进度、造价等管理目标可控受控。

　　大型水电工程资源要素主要包括单位、人员、物资、设备，资源要素准入管理是项目全周期管理的基础环节，是规避和防范转包、违法分包、挂靠等各类违法行为的防火墙，关系到整个工程建设的质量、安全、进度及整体工程建设总目标的实现。为此，需要建立建筑市场综合管理平台，以大数据、云计算、物联网等技术为手段，将法律的、行政的、合同的、企业内控的管理要求通过技术手段和智能化管控落到实处，明确工程建设有序开展。

一、传统建筑市场资源要素准入管理面临的形势

　　资源要素准入管理难。传统的建筑市场管理依托人工，信息收集与反馈途经单一，主要靠各单位定期报送相关表格及申请单，如果仅仅只靠人来管理、控制，势必要派出大量的项目管理人员、监理人员去值班、站岗、登记、检查、对比、分析、判断、决策，还要注意克服许多人情世故、主观过错带来的问题，合规性审查的成本、代价十分高昂，且效果不明显。同时，无法从单位、人员的多属性划分管理中找到切入点，管理的针对性和有效性缺乏，致使建筑市场管理效率、管理覆盖面、管理水平不高，为工程质量、安全、进度等留下管理隐患。

　　违法分包管控难。建筑施工项目规模大、专业多、分工细、技术复杂，施工过程中需要多单位协同，需要大量技术、管理和作业人员参与，需要投入大量的物资、材料、设备，

存在大量的分包。分包的过程又是一个复杂且充斥着各类风险的过程，程序违规、利益输送等问题都容易造成分包管理失误，造成质量、安全、进度管理的失控，最终可能致使整个工程项目的失控。

资源要素多属性管理难。大型水电工程物流（材料、设备）、人流（民技工、技术工人）、交通流（施工机械、车辆）、资金流（现金、电子货币）、信息流（合同、档案等）的复杂流动状态，现场作业面的交叉运行状态，以及人员的主观意识、设备的安全隐患等不可控状、不确定状态交叉融合，决定了大型工程现场管理是一项复杂的系统性工程，对信息化、智慧化管理有着极高的内在要求。

合同履约管控难。质量方面，施工单位无资质、借用资质或超越资质等级承揽工作，不具备具体作业的实力和能力，偷工减料，不严格落实质量"三检制"，质量、安全、技术、生产"四体系"管理不规范、不按要求在施工现场配置项目经理及质量、安全、技术、财务负责人等"五大员"，安全生产责任制落实不到位，造成工程质量、安全管理的隐患。

现场作业协调难。大型水电工程现场作业环境复杂，作业面多位于高边坡、地下洞室、高山峡谷，安全风险源较多。同时，多作业面同时开工，交通路线交叉、地下洞室交叉、机械设备交叉、输电线路交叉、人员流动交叉、高空作业交叉，情况十分复杂，对资源要素的系统管理和系统控制有较高的要求。

二、大数据共享平台背景下资源要素准入管理

依托资源要素多属性划分实现资源要素建筑市场准入合规审查。资源要素多属性划分的目的是解决准入复核的关键控制点问题，即明确准入审核把关的具体内容和重点、难点。首先，建筑市场准入审核的关键，是要解决进入建筑市场的队伍、人员等要素的合法性、合规性问题。关键要按照法律、法规、招标合同文件的要求，对队伍、人员的属性进行细分，明确准入审核的关键控制点，作为合规审查的依据。如：将队伍的属性按照类别属性、经济属性、社会属性、资格属性、业务属性、时间属性、质量安全属性来划分，明晰审核的关键控制点。

依托政府、企业大数据共享平台实现资源要素建筑市场准入精准控制。依托政府、企业大数据共享平台的目的是解决怎么进行信息识别的问题。以政府工商、税务、住建等部门信息系统采集的数据为基础数据，以水电工程企业资源要素信息系统平台采集的数据为待核数据，通过企业、政府平台的对接，在企业目标审核平台中设定条件参数（招标、合同条件等），实现待核数据与基础数据的实时自动比对，及时、有效、准确的验证资源要素的工商注册信息、资格信息、信用信息、违法犯罪信息、行政处罚信息、安全事故信息等，实现建筑市场准入的精准控制。

依托资源匹配识别与同一认定等技术手段实现资源要素作业区精准准入。资源要素作业区精准准入是在建筑市场准入的基础上，依据施工合同要求、施工组织设计、施工工序

及进度安排，通过总承包单位规划、监理单位符合、业主单位（或项目管理单位）逐级审定的施工计划，通过身份证数据采集系统、人脸指纹识别系统、施工管理手持终端等建筑市场信息集成系统对基础数据、动态数据、环境数据进行多次相互认定校验，实现对人员、材料、机械、设备的精准投入，以有效应对质量、安全、进度管控风险。例如在对人员作业区精准投入管理中，通过身份证数据系统、人脸指纹识别系统、施工管理手持终端系统等进行复核验证，对其身份证、登记照、准入照、动态照进行复核验证，通过三次同一认定，核实作业人员的安全状态（是否进行岗前教育）、绩效状态（是否符合工作计划）、时间状态（工作时间、非工作时间）、要素真实性（是否非本人、本单位）等，以防未采集信息人员进入施工作业面，规范资源要素进入施工作业面的时间、空间合规性，监控资源要素在作业面的状态，实现动态预警。

三、大数据背景下的资源要素准入管理

以三峡集团公司工程建筑市场管理系统为例，建筑市场信息系统综合考虑资源要素的属性特点、合同管理范围和合同项目对应的资源要素需求、进度、施工时间和地点等，巧妙灵活地设置不同的系统，并合理、有机地把它们组合在一起，形成一个完善的资源要素准入管控系统。方案包括身份信息识别录入系统、信息对比系统、出入口控制系统、现场识别系统、智能分析系统、建筑市场集成联动管理平台。

（一）资源要素多属性准入复核

以三峡集团公司建筑市场准入管理为例，一级准入解决资源要素进入建筑市场过程中人、设备、材料、车辆等要素的必要性、合法性、合规性问题，即按照当前法律法规及三峡集团《分包管理办法》，依据总承包合同及合法的分包合同对于资源要素的需要，确保合格的人、合格的单位、合格的物资材料、车辆设备等资源要素进入水电工程建筑市场。同时要求以基础数据的真实性、及时性、准确性为基础，为后续资源要素二级准入及实时管理供给基础数据。

队伍的建筑市场准入管理。队伍准入关键在于根据承包商、分包商、供应商等队伍的多属性特征，对队伍的类别属性、经济属性、社会属性、资格属性、业务属性、时间属性、质量安全属性等进行审核，确保与招标、合同及现场管理的要求投入的要素保持一致。为此，结合建筑市场法律法规管理要求及三峡集团《分包管理办法》的规定，针对关键控制点建立登记和审批流程。

人员准入管理。依据三峡集团《分包管理办法》及国务院办公厅关于建立全国建筑工人信息平台的相关要求，在三峡集团建筑市场信息系统中开发人员准入管理模块，通过身份证阅读器自动采集或人工采集人员基本信息功能，对业主、设计、监理、施工及协作队人员基本信息进行录入管理。对特殊工种人员及监理人员资质进行管理，对于协作队人员食宿信息、合同签订情况、体检信息、培训信息、保险信息、工资发放及劳保用品发放等

"七统一"信息进行管理。针对以下关键控制点进行管理：一是关键管理人员的准入管理。关键管理人员的准入是指对法律规定总承包单位、专业分包单位"五大员"（项目经理及质量、安全、技术、财务负责人），及施工员、质量员、安全员、标准员、材料员、机械员、劳务员、资料员等现场重要管理人员，以及现场作业中的特殊工种的准入。根据《分包管理办法》要求，建立人员资质信息数据库，对关键管理人员的资质、劳动合同、社保关系、培训背景的真实性、合法性、有效性进行审核，确保主体合格、合法。二是民技工的准入管理。民技工个体的准入，按照三峡集团《分包管理办法》及民技工"七统一"（统一用工、统一体检、统一食宿、统一培训、统一劳保、统一支付、统一表彰）要求，在建筑市场信息系统中分别建立了劳动合同数据模块、体检信息模块、保险信息模块、工资发放统计模块、培训统计模块、纠纷解决模块，将系统应用与建筑市场日常管理结合起来，每季度通过系统生成各施工区《建筑市场管理季报》，及时了解施工区人员信息，有效防止安全事故及劳资纠纷，维护劳动者的合法权益。三是黑名单信息管理。建筑市场动态管理过程中发现未定期进行安全培训、为按要求统一体检、未配备统一劳保用品、特种作业人员资质造假或过期等情况的，系统做出清退相关人员的提示，管理人员应当做出相关处理。

车辆、设备准入管理。在建筑市场信息系统中开发设备、车辆管理模块，对施工单位投入的车辆、设备等进行审核登记，确保合格的车辆、设备进入施工区，便于对施工资源投入情况进行统计，便于为实现车辆、设备的定位及实时管理提供基础数据。关键控制点：一是车辆、设备信息录入的完整性。通过设置设备、车辆信息管理模块，对承包单位、分包单位、货物供应商等单位的进场设备、车辆信息进行录入，建立施工区车辆、设备基础数据库。二是车辆、设备的合法性、安全性。在设备、车辆准入模块中，对车辆出产证明、保险证明、年检证明经坝区公安机关审核后录入系统，必要时可以与公安系统进行对接做出自动审核，其依据当作核发一级准入通行证的依据，并为后续作业区准入提供基础数据和判断。

材料、物资建筑市场准入。以TGPMS系统物资管理模块为基础平台，基于物资采购、验收、调拨、核销等系统管理流程，对入库的材料、物资的厂家、数量、规格、验收证明、运单进行审核，符合工程计划采购的材料、物资予以办理准入。

（二）资源要素作业区准入

资源要素二级准入控制的关键，在于按照实地、实据、实时、实物"四实化"管理要求。基于资源要素一级准入（TGPMS建筑市场、物资管理模块）中已有的人员、车辆、设备登记信息，利用标准流程全过程在线签证系统，将资源要素、时间、地点三要素与岗位职责履约相匹配，即特定人员、车辆、设备、材料必须在指定位置和规定时间内完成数据采集、表格填写及审验签字确认等工作，对不合规的资源要素及时清退，从而实现施工现场最基础并真实可靠的质量管控目标。重点审核进入特定施工区域的人员身份、岗位、资质，车辆保险、行驶证有效性以及物资材料的质检、数量等信息是否与该部位的准入条件相符，以实现合规的资源要素在要求的地点按照既定计划发挥合规的作用。

人员作业区准入。一是对关键管理人员（五大员及关键作业人员等）的二级准入管控。关键管理人员完成一级准入后，按照施工计划在现场作业面进行二级准入时通过指纹打卡、刷卡、人脸识别等管理手段或技术手段实现系统自动校验和预警监控，保证关键管理人员按照管理要求在现场履职。对项目经理等重要人员在未经备案或许可的情况下离开施工区现场的情况进行实时监控。二是对民技工的二级准入管控。以民技工建筑市场一级准入时"七统一"管理模块录入的数据为基础，按照分包单位、总承包单位、监理单位共同认定的当日用工计划，对进入现场作业面的民技工通过指纹打卡、刷卡、人脸识别等管理手段或技术手段实现系统校验，对其资格、培训、健康、保险、违法犯罪记录等信息进行校核。符合要求的系统自动放行，不符合要求的系统做出报警提示，由管理人员（监理人员或业主代表）进行复验，并根据规定做出该人员能否进入作业面的决定，在系统中做出说明以备查验。

车辆、设备作业区准入。以建筑市场设备、车辆管理模块一级准入录入的数据为基础，按照分包单位、总承包单位、监理单位共同认定的当日设备、车辆使用计划，对进入现场作业面的设备、车辆通过刷卡、电子标签、自动识别系统等技术手段实现系统校核，对其出厂合格证、保险、行驶证、违法犯罪记录等信息进行校核。符合要求的由系统自动放行，不符合要求的系统不予准入并做出报警提示，由管理人员（监理人员或业主代表）进行复验，并依据规定做出该人员能否进入作业面的决定，在系统中做出说明以备查验。

物资、材料作业区准入。以 TGPMS 系统物资管理模块入库的物资、材料数据为基础，按照分包单位、总承包单位、监理单位共同认定的当日物资、材料投入计划，以特定数量的车辆装车，对进入现场作业面的运输车辆通过刷卡、电子标签、自动识别系统等技术手段实现系统校核，核实特定车辆上特定物资名称、规格、数量及质量验收等情况，符合既定标准的，允许作业区准入，不符合要求的系统不予准入并做出报警提示，由管理人员（监理人员或业主代表）进行复验，并根据规定做出该人员能否进入作业面的决定，在系统中做出说明以备查验。

创建大型水电工程建筑市场综合管理平台，以大数据、云计算、物联网等技术为手段，通过对资源要素准入管理中的关键控制点和重大风险点进行有效识别、评价，实现企业内部系统平台与政府信息系统平台进行数据共享、比对、分析、判断，实现建筑市场准入管理的智能化，形成全天候、无死角的实时监控管理，解决资源要素不确定性、不可靠性的问题，解决工程建设的合规性问题，为工程建设保驾护航。

第九章 建筑工程项目收尾管理

第一节 建筑项目收尾财务管理问题

近几年来，随着经济发展和技术创新，建筑项目收尾财务管理问题突出。本节从建筑项目财务人员稳定性、管理制度受控、收尾期财务会计工作、收尾档案管理等几个角度出发，找出收尾阶段容易存在的问题以及产生问题的原因，并提出解决对策，旨在提高建筑项目收尾阶段管理水平和质量，圆满完成收尾工作。做好、加强、提高收尾建筑项目财务管理，具有极其重要的价值和意义，项目完工不但会带给企业潜在经济利益，还会给企业发展带来无形的管理财富。

一、建筑项目收尾财务管理的特点

在会计学领域中，为了更好地开展会计核算，提出了会计基本假设，其中有一个就是持续经营假设。持续经营假设是指会计主体的生产经营活动将无期限持续下去，在可以预见的将来不拟也不必终止经营或破产清算。建筑行业也是按照会计基本假设来开设，并对每一个项目进行独立主体核算。在持续经营前提下，会计确认、计量和报告应当以企业持续、正常的生产经营活动为前提。

依据 PMI（美国项目管理协会）的概念，项目收尾由合同收尾和管理收尾两部分组成。合同收尾指按照合同，和客户核对是否完成了合同所有的要求，是否可以把项目结束掉，也就是我们通常所讲的验收。管理收尾涉及项目干系人对项目产品的验收正式化，而进行的项目成果验证和归档，具体包括收集项目记录、保证产品满足商业需求、将项目信息归档，还包括项目审计。

建筑项目收尾财务管理是指，建筑项目在收尾阶段实施的财务管理，它在项目管理阶段上具有特定时段性，仅指完工收尾阶段的财务管理。这一阶段具备以下特点：项目主体工程已完工，仅有小部分零星工程收入。该阶段工作重心偏向于变更索赔工作，整理竣工结算资料。财务部门也在积极整理档案资料。债权、债务清理工作在此阶段变得非常重要。资金管理工作难度较大，设备、材料的管理趋于调拨、处置过程。因主体工程已完工，基本上无大的收入，人员开始缩减，但经营活动现金流量净额不可避免地开始出现负数，此阶段资金管控工作难度较大。设备、材料是建筑企业进行生产的重要资源，管理水平高低直接影响生产效益。在项目前期，财务部门从购入设备后严格按照会计政策计提折旧，部分材料需进行周转摊销，部分材料直接进入成本。后续阶段还会发生设备维护保养，修理费用，而在收尾阶段，通过对设备、材料的最后处理，我们可以全面掌握本项目设备材料管理水平。

收尾阶段能全面评价一个项目从筹备开工至结束整个时期的经营管理成果。收尾前各年度，只能通过财务报表数据分析出当年的经营成果；而在项目收尾阶段，通过从开工至收尾阶段的各年财务报表数据，可以分析出整个期间项目经营管理成果，对该项目的考核评价更加具有全面性。

项目收尾财务管理对于建筑企业是很重要的一个阶段。它能全面反映前期工作的成果，同时也反映了前期工作存在的不足，以及后期需要修正、补充、完善的事项。对于企业来说，除了获得竣工结算收益，还将取得管理方面的经验和教训。

二、建筑项目收尾财务管理中存在的问题

（一）财务人员缺乏稳定性

在建筑收尾阶段，财务人员同其他部门人员一样，心理和工作态度处于极度不稳定状态，绝大部分人都想到新项目，或另外寻求一个安稳的新职业。人员频繁变动的后果直接影响收尾财务工作开展，阻碍了企业的可持续发展。

（二）管理制度执行的风险控制难度加大

一个管理制度健全，并且运行良好的建筑项目，就算在经济形势、市场状况多变的情况下，也能规避一部分企业风险。但在收尾阶段，各种因素致使项目制度不健全或执行不到位，风险控制难度加大。

（三）收尾期间财务会计工作容易出错

该阶段虽然会计不像运营高峰期那么繁忙，但除了预算报表、月报、季报、年报、资金报表等需要正常完成外，此阶段还增多了债权债务清理、材料及固定资产调拨处置以及项目结束时的账务处理，财务工作更加容易出错。

（四）档案管理工作质量不高

收尾项目的档案管理很重要，它记录并全面反映了一个项目从开工到结束的各项经济业务，具有极其重要的意义。而项目财务人员如果在档案管理不到位的情况，工作积极性不高，档案质量就会普遍不高。

三、建筑项目收尾财务管理存在问题的原因分析

（一）影响财务人员稳定性与可持续发展的原因

财务人员因工作性质稳定，很多人在一个单位职业生涯一成不变，虽然这是一个学习、积累的过程，但是受薪酬待遇、个人发展、环境及家庭等诸多因素影响，部分人员对现状不满而离开。工程收尾时，人员离开频繁，最后可能只留下几个人在收尾，财务人员一般来说是要坚守到最后一刻，这势必会影响下一项目的职位晋升。众所周知，建筑项目在市区的比较少，大部分位于偏僻、人烟稀少的地方，当财务人员看到周围熟悉的同事纷纷离开，到新的项目就职或升迁，心理上的落差可能会导致情绪不稳定。

对于集团公司的国外项目，因地域、时差限制，财务人员更是难于管理。如前期交接工作没做好，留下的财务人员宁愿辞职也不愿接手前期财务人员留下的工作，给账务处理、报表编制及汇总等日常管理带来极大难度。

（二）影响各种管理制度执行受控情况的原因

近几年，工程项目建设周期缩短，项目人员流动性增大，导致有些项目财务基础工作不完善。财务制度健全的单位都有一系列财务管理制度、财务核算体系、财务税收文件等，这些制度、体系、文件的形成并不是一朝一夕、一蹴而就的，而是在漫长的工作时间里沉淀积累、不断总结而成的。新进的财务人员短时间内难以领悟到管理精髓，甚至对各种实际问题会感到不知所措。而项目工期短，很大可能会对现有项目财务管理未完全掌握、日常财务工作不规范，或只起到"账房先生"的作用，不能达到真正的项目财务管理。在问题重重时，工程就已经结束了。

项目部大部分财务人员年龄结构处于年轻型。在项目工期紧的时候，刚从学校出来、没培训多长时间的财务人员就分配到工地挑大梁。须知一个财务人员的成长是需要时间磨砺，需要有人带，需要从事大量的实际工作，才能对工作做到游刃有余。一个单位总让财务人员超越正常速度迅速成长，必然会给财务人员的职业生涯、给企业的发展带来一定风险。

建筑企业人员流动性较强，不好招收新职员。企业为完成工作任务，招收新职员，实习期间给予超越老职工的各种优越待遇，最终实习期限一到，达不到进单位时的期望值，人员就会选择离开。不同于其他工作，会计工作专业性较强，培养时间较长。企业应在新老会计职员薪酬制度方面出台一个可持续发展的政策，既调动和稳定老员工积极性，又能让新职员安心留下工作，变成企业后备力量。

（三）影响收尾期间财务会计工作的原因

项目收尾工作处于工程完工阶段，但财务工作并没有因工程完工就结束，财务人员需

积极参与到竣工结算工作中去，做好变更索赔、催收资金、固定资产及材料调拨、处置等工作。这个阶段也最能看出一个项目在前期管理水平的高低。如果前期基础管理工作规范，那么收尾工作要轻松许多；如果前期管理工作不到位，后期收尾工作难度很大，工作很容易出错。

建筑企业粗放式经营管理致使债权债务挂账时间长，影响资金周转，不利于企业生产经营活动及重大投资项目活动的开展。一些项目收尾完工并账时，债权债务没处理完，均由并入单位接受债权债务。因时间、环境、人员发生变化，债权债务清理难度会相应加大。

（四）影响档案管理工作的原因

总部对项目管理重视程度不够，影响了档案管理工作。项目财务人员大部分属于刚出校门的大学生，缺乏系统的档案管理知识；在缺乏系统的学习和指导情况下，收尾项档案管理效率及质量普遍不高。

四、建筑项目收尾财务管理问题的改善对策

（一）提高财务人员稳定性，实现人力资源的可持续发展

第一，上级单位领导及相关部门、项目部领导应关心收尾财务人员薪酬待遇。灵活制定薪酬体系，政策倾向项目部人员。虽然收尾项目已无前期红火收益，但还是应综合考虑项目部财务管理情况，给予收尾财务人员合适的薪酬待遇。

第二，职位晋升优先考虑有过收尾工作经验的财务人员。建议在职位晋升机制中优先考虑有从事过开工一直到收尾工作经验的财务人员。这类人员一是对企业忠诚度较高，二是已积累了一整套系统的项目财务管理经验。如若能妥善安排留住这类人员，无疑对企业发展有很大的推动作用。

第三，加强对收尾财务人员的培训，可以采取内培和外培或鼓励自学、网校学习，学习费用由单位予以承担。

（二）加强收尾项目管理制度的建立和执行

第一，加大对新入职财务人员的入职培训力度。财务管理工作实操性较强，要让理论与实际工作相结合，逐渐培养财务人员独立应对复杂情况的工作能力。

第二，上级部门应将单位各种财务制度、体系化文件整理成册，让项目财务人员学习，结合当地项目制定出适合的制度。

第三，上级部门应加强对收尾项目财务制度、体系化进行检查、评估、指导。

（三）完善收尾期间的财务会计工作

第一，变更索赔工作在工程竣工结算中是一项很重要的工作，关系到项目潜在经济利益，财务人员要积极配合工程项目管理、管理企划人员做好相关工作。

第二，在资金管理方面，因项目结束，资金流回收额度开始慢慢变小，回收速度变慢，财务人员应加强资金管控工作，做好资金催收工作。

第三，关于债权债务清理。收尾项目一定要重视债权债务清理，具体要落实到相关部门、责任人，如发生人员变动，必须做好账务交接。上级领导部门在项目考核时，收尾项目债权债务应重点考核。

第四，对于固定资产、材料调拨或处置，要按照国家相关会计税收政策来执行。对于企业来说，固定资产、材料在处置环节最容易滋生腐败。为了杜绝这个现象，企业需要制定出一套合理的程序，从报废审批源头开始，寻找公司是否经过比价或竞标，是否有两个以上部门参与了此项工作，财务人员是否亲临处置现场监查，过程中是否留存实物照片等。在大型设备处置过程中，党风廉政部门积极参加，严格合理的程序制度是做好固定资产及材料处置工作的保障。

第五，因建筑企业的流动性及组织结构的层级性，当项目完工，待债权债务清理结束后，如果后续管理需要由上级机构管理，那么需要做账会计将最后的账务上移到上级财务机构；如果并入平级项目管理，那么账务就需要平移到平级项目进行后续管理。很多财务人员做了很长时间的会计工作，都没有做过这样的并账凭证，但在建筑企业是经常存在的。在完工并账之后，因为有上年数，报表需要再继续填报一年。

（四）加强档案管理工作

第一，加强收尾财务人员档案管理学习和培训工作。

第二，上级管理部门应经常到收尾项目指导检查工作。

第三，档案资料最后都需要送往后方管理机构存档，而项目部所在地远离后方管理机关，还需要项目财务人员妥善保管好财务资料，在项目完工后，安全运输到后方并移交档案管理机构。

完工项目的财务管理并不能随着项目完工而消极管理，相反要更加注重。完工项目给单位带来的不仅仅是完工收益，还会给企业带来了一笔无形的管理财富。

第二节　建筑施工企业收尾阶段的成本管理

成本管理是建筑施工企业降低成本支出、增强企业效益的有效手段。然而许多企业都将管理重点放在工程项目的开始及施工阶段，而忽视了收尾阶段的成本控制。这种情况的存在使得企业极容易出现不必要的成本增加，影响管理效果。本节先是简单介绍了建筑施工企业收尾阶段成本管理的有关内容，然后分析了此阶段的管理重点，最后提出了加强成本管理的有效措施，为企业改善管理现状、提升管理效果提供了参考意见。

房地产行业的兴盛、政府对基础设施建设的重视等种种趋势的存在，给建筑施工企业带来了无数的发展机遇。但与此同时，企业也面临着巨大的挑战。一是因为建筑施工行业的兴盛引起了许多企业的关注，大量企业涌进这一行业，使得施工企业间的竞争加剧；二是因为政府、百姓等对项目产品的要求越来越高，既要求高质量，也要求高体验。因此建筑施工企业必须提高自身实力以应对日益激烈的竞争，成本管理就是行之有效的方法。一个项目工程主要可以分为项目开始（勘察和设计等）、项目施工以及最后的竣工收尾三个阶段，进行成本管理也是从这三个阶段入手。鉴于各个阶段企业面临的状况不同，管理侧重点以及所采取的管理手段也是有所差别的。但是由于许多建筑施工企业只注重项目开始以及施工阶段的成本管理，而忽视了收尾阶段，导致管理手段大多只针对前两个环节。这种情况的存在容易造成企业成本的增加，特别是在收尾阶段出现不必要成本，从而降低企业利益。

一、建筑施工企业收尾阶段成本管理概述

对建筑施工企业来说，收尾阶段的工作大致分为两类，一是对外收尾，即甲乙双方就项目产品的质量和完成情况等进行核查、就工程款项的结算以及后续服务维修安排等进行交接，以期尽快实现项目的彻底完结；二是对内收尾，包括将剩余物资、项目相关资料等进行汇总归档，将工作人员进行重新安排，并对工程项目进行经验总结等。收尾阶段并不意味着成本管理的结束，也不是不甚重要。相反，此阶段稍有不慎就极容易造成不必要的成本增加，影响企业成本的整体控制效果，严重者还会使之前的控制工作功亏一篑。因此，必须重视此阶段成本管理。关于收尾阶段的成本，主要有进行项目审查产生的费用、工程款结算过程中生成的费用以及后期维修费等。若是能加强收尾阶段的成本管理，就可以有针对性的减少甚至以防以上费用的发生，挖掘企业降低成本支出的潜力，以便将资金用到更加需要的地方，为企业带来更高效益。

二、建筑施工企业收尾阶段成本管理的重点

（一）对剩余资源的管理

建筑施工企业在开始一项新的工程之前，往往会把施工过程中可能需要的资源多准备一些，以防资源短缺影响工程项目进度。这些资源既包括施工所需的原材料，也包括机器设备等固定资产。任何一项工程在建设完成以后，都不可能将之前准备的资源正好用完，必定会存有剩余。即使不是刻意多准备出来的，由于工程项目所需资源存在一定浮动，实际用料和预计用料也会存在一定差距。因此，必须注重对剩余资源的管理。这是因为，如何将剩余资源合理安排与利用关乎企业成本的高低，毕竟若是安排不当，剩余资源就会浪费掉。但在实际操作过程中，企业对剩余资源的管理并不达标。比如，对于一些可以用到其他项目的建筑原材料，企业并没有合理安排它的去处；对于一些可以长期使用的机器设

备，企业也没有尽快将之投入到需要的项目中去，这种时间上的延误必定会造成剩余资源的浪费。

（二）对工程项目资料的管理

工程项目的完成必定会伴随着大量项目资料的产生，包括设计图纸、工作记录以及验收报告等。这些资料是工程项目推进的体现，是甲乙双方进行竣工验收时的凭证，也是建筑施工企业整理分析此次工程建设情况的参考依据。因此，必须在保证资料完整真实的基础上及时归档，以保证相关工作能够顺利开展，尽快完结此项目，避免因资料不全而导致工作的延误，造成不必要的损失。也就是说，也应将对工程项目资料的管理作为收尾阶段成本管理的重点。但在实际操作过程中，企业对项目资料的管理还有很大的提升空间。比如，项目资料涉及各个方面，理应分类管理，然而有些企业或是将所有资料混合在一起，或是分类不够精确，这些都导致资料管理的混乱，在进行收尾工作时不能及时找到所需资料，进而影响工程进度，导致成本的增加。

（三）对竣工结算的管理

竣工结算是收尾阶段十分重要的工作，关乎建筑施工企业能否及时回收工程款。企业若是能按时完成竣工结算工作，就可以及时拿到工程款，减少坏账的出现。若是回收欠款不力，不能及时拿到全款甚至是无法追回剩余款项，就会造成收尾阶段的延长，导致此工程项目迟迟无法完结。而每拖延一天时间，都会产生一天的成本，毕竟欠款回收是需要专门工作人员去负责的，这就使得收尾阶段的成本不断增加。因此，必须重视竣工结算的管理。但在具体操作过程中，企业的竣工结算依然存在种种问题。比如，对于竣工结算所需要的相关资料，企业没有及时准备完全，这就给甲方拖延付款时间的借口，严重者甲方还会以此为借口向建筑施工企业索赔。另外，很多工程项目的建设都是由建筑施工企业先行垫付所需资金，项目完结后再由甲方付清，但由于国家对这方面的监管力度不够，给甲方拖延付款时间的机会，从而致使建筑施工企业收尾阶段成本的提升。

三、加强建筑施工企业收尾阶段成本管理的措施

（一）完善收尾阶段成本管理机制

完善的成本管理机制是保证管理效果的基础，毕竟收尾阶段的成本管理涉及不仅较多环节，也涉及很多利益相关者。只有对此阶段的成本管理工作做出明确的制度规定，相关工作人员才能依度而行，做到有理有据，避免出现忽视某些环节或者找错管理重点的情况。鉴于此，建筑施工企业的管理者首先要做的就是重视收尾阶段的成本管理，改变之前的轻视或忽视状态。只有从心理上注重起来，相关机制建设才能随之完善起来。其次，需要参考国家关于工程项目收尾阶段成本管理的法律政策，再结合企业自身情况制定出适应性较

强、匹配度较高的管理制度。比如对于竣工验收、工程回款等工作要如何推进，工作人员职责如何分配以及相应的奖惩措施等。利用制度手段规范工作人员的行为，提高工作效率，从而确保成本管理效果。

（二）合理安排收尾阶段的人员物资

为减少人员物资分配不当带来的收尾阶段成本的增加，必须对其进行合理安排。人员方面，虽说到了收尾阶段，许多工作人员可以被抽调到其他项目中去，但必须保证被抽调的工作人员在调走之前已将自己所负责的工作内容与剩余人员交接清楚，特别是一些资料的完善和保存，这样在后续工作需要时就能及时找到，减少时间耽误，提高工作效率。物资方面，对于可以长期使用的机器设备等固定资产，在确保本项目已经用不到的情况下，需要在进行必要的保养修整之后，将其应用于其他适用的工程项目，避免设备停滞带来的成本增加；对于原材料等剩余物资，先行查看是否可以用于其他工程项目，若是可以，则尽快将之运往新项目参与建设，避免浪费，如若不行，则先将其妥善放置在仓库等地方储存起来，以免发生损坏，造成成本的增加。

（三）加大对工程款的回收力度

工程款能否顺利回收关乎建筑施工企业收尾阶段的成本管理效果，鉴于此，需要加大工程款的回收力度。首先，在项目即将结束需要进行工程款回收时，企业就应该将之作为主要工作进行，通过与工商、税务等机构或者或合作伙伴沟通，了解甲方信誉、以往付款情况等，并根据所了解的情况制定合适的款项回收方案，再指派工作人员专门负责此项工作，以保证工程款的顺利回收。其次，对于已竣工未结算的项目，更是需要加大欠款催回力度，可以由企业的专业部门推进此工作。比如以之前签订的合同为依据，督促甲方尽快付清欠款；若是拒不付款甚至出现工程款纠纷，那就可以通过法律途径维护企业权益，利用法律的强制性手段促使甲方付清工程款。

综上所述，建筑施工企业收尾阶段成本管理的重点在剩余资源的管理、工程项目资料以及竣工结算的管理等方面，且管理现状并不乐观。为此，可以采取完善收尾阶段成本管理机制、合理安排收尾阶段的人员物资以及加强对工程款的回收力度等措施提高成本管理效果。

第三节　建筑工程收尾项目管理流程与财务工作要点

在中国经济体制不断改变发展的形式下，建筑施工企业的发展时刻面临着机遇与挑战。想要立足于市场，不被市场竞争所淘汰，需要采取一定的措施和方法来确保建筑施工企业朝向健康的方向发展。施工企业的财务经济管理水平是影响建筑业发展的一个重要因素，也就使得加强企业的财务管理成了建筑施工企业一个关注的重点。在工程建设的收尾阶段，财务管理是非常关键的工作内容，加强对收尾项目财务管理工作，在控制建设成本支出，提高资金使用率，防范项目结算风险，妥善办理资产移交工作，巩固项目建设成果，促进实现项目工程价值最大化，保证项目整体质量等方面具有不可忽视的作用。本节就建筑施工企业的工程项目在交付后，涉及的财务管理方面工作谈了几点看法，即：组成收尾项目的工作小组；企业各部门应监管督查、协助配合拟撤销的项目经理部收尾工作人员做好收尾的各方面工作；收尾项目的财务管理。

工程项目收尾阶段的财务管理工作反映了项目财务管理所要求的及时性和持续性的运营，收尾项目的财务管理工作也一直是项目管理的核心内容。"好的收尾"和"好的开始"同样重要，项目如期结束，是后续的经营成果和财务运营的良好基础。建筑施工企业为加强工程项目的后期管理，应规范工程项目收尾工作，闭合项目管理链，加大对项目后期变更索赔管控力度，减少项目收尾阶段的管理成本支出，改善项目后期人员结构，防范经营风险，维护企业信誉和整体利益。

一、收尾项目的判定标准

"收尾项目"是指处于工程项目初验或开通交付日至项目满足终结条件并经企业批准移交、撤销的时段的工程项目部。项目不满足下述条件中的任何一条即可确认为收尾项目：

工程的实体（含变更索赔设计部分）已按照前期规划设计、业主签订合同、业主已批复的变更索赔方案要求完成（主体完工）；

（1）除特殊情况外（如产生合同纠纷及其他特殊情况），项目不再发生工程直接成本（不包含收尾后发生的返修成本和审计扣除成本等）；

（2）除特殊情况外（如产生合同纠纷及其他特殊情况），项目所有与供应商、劳务协作队伍结算完毕且无争议；

（3）项目主要人员或项目 90% 以上人员已经撤离；

（4）企业工程项目收尾工作领导小组认定为收尾项目的。

二、组成收尾项目的工作小组

建筑施工企业对拟撤销的工程项目经理部，成立由企业主管领导带头，经营管理、财务会计、物资机械设备、工程管理、办公室等部门负责人，以及被撤销项目部项目经理及其相关部门负责人组成收尾工作管理小组（以下简称工作小组）。同时，企业应设立收尾项目管理中心，为项目收尾阶段管理的主管机构（以下简称"收尾中心"），具体负责根据工程项目进展及交验情况，收集项目交验、进入收尾阶段的基本信息，以及对纳入收尾中心管理的项目实施日常监督管理工作。

收尾项目管理应建立联合管理机制，强化各部门协调联动，对所有收尾项目实行"公司收尾中心统一管理，各部门督办执行，项目部承办夯实"为原则进行管理。原则上由项目经理负责，收尾中心经营、财务等有关部门指定人员向企业上报相关资料。

三、企业各部门应监管督查、协助配合拟撤销的项目经理部收尾工作人员，做好收尾的各方面工作

（一）收尾项目的现场施工工程管理

收尾项目的工程管理是指工程主体交工后，项目部要接着完成一些剩余的尾留工程、进行缺陷责任期工程维修保养、完成竣工文件（含技术总结等）编制及移交，直到工程竣工验收。

（二）收尾项目的经营管理

收尾项目的经营人员负责业主合同管理（计量、变更、索赔、调差情况）、对外经营合同（结算、补偿、纠纷）、当前预收、预计成本情况和预计完工预收、预计成本情况、项目经营情况分析（包含标后预算切块与实际差异对比分析）、施工产值、营业收入与计量差异分析等。收尾项目的经营人员盘点并清理变更、索赔、材料调差上报批复情况及具体金额；根据工程技术部门提供的资料，统计实际完成工程量情况；收尾项目的经营人员核实与业主的债权债务关系；盘点与所有工程劳务队伍及其他组织或个人是否结算完毕且签订最终结算协议；根据物资部门提供的资料，统计所有供应商、机械设备租赁方的最终结算状况；清理与各方的债权债务关系及争议排查。

（三）收尾项目的物资和设备管理

1. 收尾项目的物资管理

材料方面：负责将甲方业主所提供材料的对账单核对签认，同时对所有自购材料的手续进行完善（材料出入库点收单、材料发票、材料动态盘点表等），并将工程剩余材料出售或退货，使库存剩余材料尽可能减少到最低存量，经工作小组协调将剩余材料按市场协议价有偿调拨到企业所属其他项目；租赁周转材料全面清点后向租赁方移交，并办理好租赁费清算手续；自购周转材料列示清单由工作小组按市场协议价有偿提供给企业租赁公司统一管理。上述手续齐备后交收尾项目财务会计部门进行账务处理。

机械方面：项目物资人员负责对租赁机械设备维修后向租赁方归还，并办理租赁费用清算手续；工作小组负责将自购机械设备按财务账面净值清算后，向企业租赁公司作有偿调拨；工作小组负责监督不够固定资产管理的生产工具、备品已全额摊销进入成本或兼用，并做出移交清单，经协调后按协议价有偿调拨给企业租赁公司。上述手续齐备后交项目财务会计部门进行账务处理。

2.收尾项目的设备管理

（1）收尾项目要对交工验收后项目的固定资产进行盘点登记，由收尾中心协调物资部门和财务部门商议固定资产处理办法；

（2）对于低值易耗品的盘点，项目要登记造册，建立台账，由收尾中心协调相关部门商议处理事宜；

（3）收尾项目在将项目移交收尾中心前，由收尾中心、项目物资设备部、综合办公室等部门将项目剩余材料及达到处置标准的资产进行相应处理。项目收尾人员不足时，机关相关部室应予以配合；

（4）项目物资部门要盘点与所有供应商、机械设备租赁方是否结算完毕且签订最终结算协议；清理与各方的债权债务关系及争议排查；

（5）收尾中心应会同其他相关部门共同盘点固定资产（项目人员较少时公司应派人监盘），盘点单应与公司相关部室核对并提请处理，资产调动必须办理交接手续并报公司财会部进行账务处理，项目应保存交接手续备查。此外可能存在项目申请调离固定资产，但是找不到接收单位的情况，从而造成固定资产继续在项目列折旧的情况，对此公司物资设备部应依据公司整体项目情况、固定资产的状态，及时合理的调配收尾项目的固定资产；

（6）项目的资产管理制度方面应明确指定废旧物资、行政资产及其他剩余资产的责任人，该责任人应对项目废旧物资的缺失损毁负直接责任，否则项目资产或废旧物资就可能出于无人负责的状态。因此项目资产管理的关键岗位人员必须是与公司确定正式劳动合同的人员。

四、收尾项目的财务管理

建筑施工企业的收尾中心受理各撤销机构的债权、债务后独立核算，财务工作移交后的管理如下：

（一）收尾中心设立完工项目账套

收尾中心设立完工项目账套，对收尾项目后期发生的经济业务进行核算。账套应设置项目辅助账，收入、成本、费用分项目入账，遵循"谁受益，谁负担"的原则，如实反映各项目的经营业绩，保证项目考核的客观、准确。确实加强完工项目后续人员配备、设备调离、结算情况及后续发生成本费用的控制，降低完工项目后续成本费用、切实提高完工项目的盈利或降亏水平。编制完工项目成本费用预算计划，使得各项成本费用可以控制在预算范围内。

（二）完工项目账套由专人负责并履行职责

（1）及时准确的进行收尾项目的财务核算，按月确认收入、成本等，并按规定上报各类财务报表及财务分析；

（2）按月将收尾项目的盈亏情况和债权债务清理情况报公司财务经理和总会计师，以便公司领导及时准确地掌握收尾项目的财务状况并提出处理意见；

（3）财务会计账目移交后，原项目相关负责人仍为第一责任人，应和业主保持联系，继续做好变更索赔、后期计量、款项回收、质保金及保函回收、业主审计及其他遗留工作，直至该项工程所有的业务结束为止。要积极主动完成项目后续工作，不得以公司收回完工项目财务账为理由推卸责任，疏于后期管理；

（4）负责收尾项目开支费用报销审核，并交公司总会计师审核，经公司总经理批准后，交公司财务部出纳付款；

（5）负责收尾项目年度费用预算审核，并跟踪费用使用节超情况，汇报给原项目经理、公司财务经理、公司总会计师，以便公司领导及时了解相关费用情况；

（6）协助办理收尾项目银行账户延期、销户相关事宜；

（7）协助办理收尾项目《跨区域涉税事项报告表》相关事宜；

（8）领导交办的其他事项。

（三）收尾项目重点关注资金管理和债权债务清理

1. 收尾项目的资金管理

由于后期人员比较少，从资金管理上更需严格要求。项目收尾阶段资金主要来源于业主支付的工程计量款和项目资产处置收入，资金流入金额相对也较小。资金支付主要是项目后期的间接费用和已结算应付的工程及材料款、质保金等。所以必须做好后期收尾项目的资金管理和规划。

（1）银行存款的管理。

当项目符合收尾项目认定条件时，尽量协商业主单位进行销户，银行存款全部转回企业账户，后续收款根据业主要求汇入企业账户。项目需要支付后期款项时，走汇款手续，由企业审核后予以支付。如业主不同意销户的，应依据在建项目银行账户管理要求执行。

（2）最终结算与各类保证金的收回工作。

企业收尾中心与项目留守人员应加强与业主沟通，尽快进行与业主的终期结算和各种保证金的退回工作。

（3）后期与施工队伍和供应商的结算工作。

对劳务队伍和材料供应商的后期支付，必须经过对账后，核对结算情况是否正确，并检查以往支付手续是否齐全，末期结算和支付必须依据企业有关文件规定，办理好终期结算相关手续。

（4）清理财务账面挂账的各类应收款项工作。

针对挂账备用金、应收押金、垫付款、代付款等必须及时清理。

2.收尾项目的债权债务清理

收尾项目应及时清理各种债权债务。对涉及职工个人的款项如备用金、差旅费借款、应付未付工资（不含项目领导承包兑现奖）等必须全部收回或支付完毕。应收款项中除业主外的其他应收款项必须全部回收完毕。

企业收尾中心按月上报公司收尾项目债权债务清理情况。清理内容包括：往来账及合同的全面核对、清理、结算，质保金以及其他款项的扣还、收回等，以避免多支付、超支付和重复支付的问题发生。

建筑施工企业下属施工项目的流动性和地域性决定了项目财务管理的跨度大周期长，而随着施工规模的扩张，进入收尾管理的工程项目也会越来越多。因此要从源头控制，以项目综合管理为中心，持续关注经营财务指标，使收尾项目始终处于可控状态，有序完成收尾阶段工作计划，实现项目最终经营成果效益最大化，从而使企业持续健康发展壮大。

加强对收尾项目财务管理工作，在控制建设成本支出，提升资金使用效率，防范项目结算风险，妥善办理资产移交工作，促进实现项目工程价值最大化，保证项目整体质量等方面具有不可忽视的作用。加强施工企业收尾项目财务管理的措施，旨在保证项目资金的完整性和有效性，实现施工企业的可持续健康发展。

第四节　低碳节能技术集成示范建筑项目管理案例

低碳节能建筑是可持续发展理念引入建筑领域的结果。其区别于传统建筑的新特点必然要求建筑工程项目管理理论和方法进行相应的创新与变革。本节对低碳节能技术集成示范建筑——佛山承创大厦的项目管理全过程进行了案例分析，总结了在项目前期研究与规划、项目实施、项目收尾与运营等各阶段中确保项目成功的关键点，为同类型低碳节能建筑的项目管理提供了有益的借鉴。

21世纪以来，全球气候变暖和能源危机给人居环境发展带来了严峻考验。据统计，全球建筑能耗占总终端能源消耗的三分之一、建筑领域碳排放也占总量的近三分之一；2012年中国建筑能耗占全球建筑能耗的16%，居全球第二，仅次于美国。"节能、环保、健康、舒适"成为新时代建筑发展的迫切需求，低碳节能建筑在国家政策引导和内生动力促进的双重作用下取得了蓬勃发展，也对传统建筑工程项目管理带来新的课题与挑战。

佛山南海承创大厦位于广东省佛山市南海区桂城海五路北，建筑用地面积13951m^2，总建筑面积68502m^2，建筑高度84m，地上20层，地下2层，为综合办公建筑。承创大厦项目在建筑围护结构、建筑设备系统、建筑实施及运营过程中集成了多项低碳、节能技术，于2014年12月获得了美国绿色建筑协会授予的LEED-CS金级认证，其低碳节能技术集成示范被列为广东省重大科技专项计划项目。

一、做好项目前期的研究和规划工作是低碳节能技术集成示范

建筑成功的关键

近几年来，各类低能耗建筑和绿色建筑进入快速发展期，在全世界范围内呈井喷的状态增长，各国相继建立了低能耗建筑和绿色建筑的评价或认证体系。低碳节能技术集成示范建筑的项目管理团队在项目启动阶段的工作重点是通过一系列科学的研究和规划工作，开展项目需求分析、确定项目目标。

佛山南海承创大厦的开发单位佛山市南海承业投资开发管理有限公司会同华南理工大学、广东工程职业技术学院、广州市第二建筑工程有限公司、广州盛冠建筑科技有限公司等高校和企业共同研发相关技术，组建了优势互补的项目前期联合研究团队。研究团队重点调研分析了中国绿建、美国 LEED、英国 BREEAM、日本 CASBEE 等在世界上较有影响力的绿色建筑评估认证体系，经过综合对比各体系的完整性、成熟程度、国内外影响力、可实现性等要素，并征求大厦承租方香港汇丰银行的意见后，最终确定美国 LEED-CS 认证为项目的绿色建筑评估认证目标，认证等级目标为金级。

美国绿色建筑协会（简称 USGBC）建立并推行的《绿色建筑认证体系》（Leadership in Energy&Environmental Design Building Rating System），简称 LEED 认证。LEED 认证已经发展出了多套认证体系，适用于不同的需求及建筑类型，其中 LEED-CS 体系倡导业主与租户共同发展，最适合承创大厦的开发模式。LEED-CS 体系是一个涵盖建筑全生命周期的指标体系，其评估得分指标包括可持续发展场地、节约用水、能源与大气、材料与资源、室内环境品质、创新得分、区域优先得分等七大板块，每一板块中都设置有若干技术指标或功能指标，依据申请认证的项目满足各项指标的程度，给予相应的分数，最后总得分的高低决定申请项目是否通过认证以及获得的认证的等级。等级从高到低分为铂金级、金级、银级和认证级。LEED 认证被公认为是世界各国的同类绿色建筑评估、建筑环保评估以及建筑可持续性评估标准中最完善、最有影响力的评估标准，目前已经成为国际通用的绿色建筑认证。

在确定承创大厦低碳节能技术集成示范的关键目标后，研究团队因地制宜，结合项目所在地域的气候、资源、自然环境、经济、文化等特点，开展了多维度、多层次的课题群研究：

其一是基于规划设计因子的场地室外风环境、室外热岛效应、室内环境的设计与模拟，通过动态热环境与能耗模拟、CFD 计算流体力学模拟、多区域网络通风模拟等技术手段对建筑物室内外的风场、温度场、光环境、能耗水平等加以预先仿真，辅助建筑师制订出绿色节能的规划和建筑设计方案。

其二是建筑围护结构低碳节能技术集成应用研究，包括建筑幕墙玻璃隔热技术、外遮

阳技术、绿色节能型材构造技术、建筑墙体和屋顶隔热材料与构造技术等。

其三是建筑可再生能源一体化技术应用研究。其四是建筑高效设备系统技术应用研究。

承创大厦研究团队在取得上述课题研究成果的基础上，通过详细的成本 - 收益分析，选取适宜的技术组合来实现集成示范的目标，同时保证满足项目的资源、进度等约束条件，这是一项涉及多专业的复合性工作，涵盖技术、经济、政策、社会、环境等多个方面。由于示范建筑工程项目本质上仍然是建筑工程项目，因此研究团队在普通建筑工程项目的成本 - 收益分析的基础上，重点对采用低碳节能建筑技术后的增量成本和增量收益进行了分析。相对于普通建筑工程而言，估算采用低碳节能建筑技术后的增量收益是分析中的难点，研究团队将其分为直接增量收益和间接增量收益两部分：直接增量收益包括采用低碳节能建筑技术后建造和运营全过程所能节省的各种能源、政府补贴等，间接增量收益则包括采用低碳节能建筑技术对建筑使用品质提升之后所带来的售价或租金上升问题等，以上均可折算为以货币计量的实际收益。

除此之外，低碳节能示范建筑建成后还可能带来环保、产业拉动、示范效应等方面的社会效益，这部分很难折算为实际收益，当不同技术方案主要创造社会效益且能够满足同样需要时，研究团队则改用费用现值法或费用年值法来进行比较和选择。经过技术经济比较、项目环境资源分析、风险分析等多维度综合论证，研究团队在前期研究和规划工作结束时提出了将控制热岛效应、围护结构综合节能、交通动力新能源一体化、雨水回收系统、节水器具、全热回收系统、高效照明设备、施工过程污染防止等低碳节能技术进行集成示范的方案。该方案在预期实现 LEED-CS 金级认证目标的同时，仅需增量成本约 20 元 /m^2，远低于同类建筑 100 元 /m^2 的平均增量成本。值得一提的是，研究初期提出的太阳能光伏发电与建筑一体化技术，经过后期反复测算与对比，终因回收期过长、运营维护复杂、象征意义大于实际意义等原因而放弃，这也显现出研究团队实事求是，不盲目跟风制造噱头的工作作风。

二、采用多种创新手段确保低碳节能技术集成示范建筑顺利实施

佛山南海承创大厦作为大型公共建筑，具有建设规模大、技术复杂、时间跨度长、参建单位多、协调面广等特点，要达到绿色建筑标准、实现低碳节能技术集成示范的目标难度也更大。为确保项目顺利实施，项目管理团队、研究团队及实施单位采取了一系列的技术创新和管理创新。

与普通建筑工程项目相比，低碳节能技术集成示范建筑在项目采购与合同管理中需要特别注重考察承建商和材料供应商在绿色建筑技术实施方面的能力和经验。为此，项目研究团队提前编制了《佛山承创大厦 LEED 总包绿色施工指南》，详细规定了项目承建商在施工材料选择、施工废弃物管理、施工文件体系、机电运行调试等方面应遵循的原则，并建议业主方将其中的关键条款纳入工程招标要求，并预留相关的费用。事实表明，这一举

措取得了非常好的效果，中标承建商广州市第二建筑工程有限公司从投标阶段开始就对项目的低碳节能技术应用非常重视，聘请了专业的绿色施工顾问，为项目的顺利实施奠定了基础。

低碳节能技术集成示范和绿色建筑评估认证是一项涉及单位众多，信息交互量大，专业技术性较强的工作，对项目的沟通管理有较高的要求。佛山南海承创大厦建设过程中，在采用普通建筑工程项目常用的管理和组织模式基础上，对低碳节能技术实施和绿色建筑评估认证专项工作采用了一种虚拟的 Partnering 工作组模式。即由开发单位和研究团队牵头，设计、监理、施工、供货商等单位派出绿色建筑实施专项负责人和具体实施人员参与，共同成立一个 Partnering 工作组，在工作组内实现低碳节能技术集成示范和绿色建筑评估认证工作的所有信息共享。各单位的参与人员同时承担协调人的角色，当需要各单位更高层决策时能够以最快速度响应。该模式经过实际运行检验，较好地发挥了交流沟通平台的作用，聚集了各个方面的力量，弥补了建筑工程项目设计与施工分离、设计交底不足、沟通不畅的短板。

佛山南海承创大厦将 BIM（建筑信息模型）技术引入到施工全过程中，由专业的 BIM 咨询公司提供整体解决方案，将设计、施工、运营管理单位的技术信息集成于可视化立体信息模型中，使建筑全过程执行绿色标准成为可能，各单位基于同一可视化信息模型易于沟通、责任明确。BIM 咨询公司还和施工单位联合开展了绿色 BIM4D 施工管理与基于 BIM 核心的物联网技术应用研究：通过 BIM 技术进行施工过程全真模拟，实现施工成本控制、进度控制、深化设计、工艺优化，更好的实现施工过程的节水、节材、降低污染排放，提升材料循环利用率。

三、重视项目收尾，推行智慧运维，使低碳节能技术集成示范建筑名副其实

低碳节能技术集成示范建筑除注重建造过程中的节能和环保之外，其大多数实际成果均需要等到建筑运营期才能逐渐体现。实际工程中不乏因运营管理不善或疏于维护致使绿色建筑实际运行效果大打折扣的案例。为此，佛山南海承创大厦建设方早在项目建设初期即确定了项目承租方香港汇丰银行，并与其建立了良好的合作共赢关系，双方就承创大厦的低碳节能技术集成示范签订了专门的协议，确保无论是建设方的建造过程、承租方的装修过程、还是承租方的使用过程均遵循绿色建筑的原则。双方非常重视项目的收尾工作，在建设方和承租方进行项目实体移交的同时，也完整移交了绿色建筑相关的技术档案文件，并提前开展了技术交底和培训工作。建设方指定专业人员持续关注建筑运行能耗，适时提供技术支持；承租方延续聘用了为建设全过程的提供 BIM 咨询服务的专业公司，计划在物业运维中心建立以 BIM 模型为核心的智慧运维系统，利用物联网技术将建筑物各处的运行情况数据实时传达到物业运维中心，实现可视化操作和智能控制。

　　低碳节能建筑的宗旨是既要为人们提供健康、舒适的室内空间，又要在建筑物的全寿命周期内降低运行能耗、节约资源、减少排放。所谓全寿命周期，既包括建筑的建造过程，也包括建筑的运营甚至拆除过程，这必然给只重视建造过程的传统建筑工程项目管理增添新的难度。项目管理方应在项目策划阶段尽早确定低碳节能建筑的目标，确保项目的优先级和资源支持，避免项目盲目上马，草草收场。前期的研究和规划工作是低碳节能建筑项目的重点和难点，应综合运用多种方法，通过均衡比较，选择适宜的技术组合来达到项目的低碳节能目标，同时满足项目费用、进度的制约和要求。项目实施过程、收尾和运营阶段，应重视通过创新管理模式与引入先进技术来适应低碳节能建筑区别于普通建筑的新特点。

　　党的十八大报告把环境保护、资源节约、能源节约、发展可再生能源、水、大气、土壤污染治理等一系列事项统称为"生态文明"，并且上升到空前高度，将其作为整个报告十一个部分中的第八个部分来单独强调。低碳节能建筑遵循保护环境、节约资源、保证人居环境质量三个原则，遵循建设生态文明的宗旨，将成为未来建筑的发展趋势，低碳节能建筑的项目管理的理论和方法也将会随着实践的积累得到更大的发展。

参考文献

[1] 赵志勇. 浅谈建筑电气工程施工中的漏电保护技术 [J]. 科技视界，2017（26）：74-75.

[2] 麻志铭. 建筑电气工程施工中的漏电保护技术分析 [J]. 工程技术研究，2016（05）：39+59.

[3] 范姗姗. 建筑电气工程施工管理及质量控制 [J]. 住宅与房地产，2016（15）：179.

[4] 王新宇. 建筑电气工程施工中的漏电保护技术应用研究 [J]. 科技风，2017（17）：108.

[5] 李小军. 关于建筑电气工程施工中的漏电保护技术探讨 [J]. 城市建筑，2016（14）：144.

[6] 李宏明. 智能化技术在建筑电气工程中的应用研究 [J]. 绿色环保建材，2017（01）：132.

[7] 谢国明，杨其. 浅析建筑电气工程智能化技术的应用现状及优化措施 [J]. 智能城市，2017（02）：96.

[8] 孙华建. 论述建筑电气工程中智能化技术研究 [J]. 建筑知识，2017，（12）.

[9] 王坤. 建筑电气工程中智能化技术的运用研究 [J]. 机电信息，2017，（03）.

[10] 沈万龙，王海成. 建筑电气消防设计若干问题探讨 [J]. 科技资讯，2006（17）.

[11] 林伟. 建筑电气消防设计应该注意的问题探讨 [J]. 科技信息（学术研究），2008（09）.

[12] 张晨光，吴春扬. 建筑电气火灾原因分析及防范措施探讨 [J]. 科技创新导报，2009（36）.

[13] 薛国峰. 建筑中电气线路的火灾及其防范 [J]. 中国新技术新产品，2009（24）.

[14] 陈永赞. 浅谈商场电气防火 [J]. 云南消防，2003（11）.

[15] 周韵. 生产调度中心的建筑节能与智能化设计分析——以南方某通信生产调度中心大楼为例 [J]. 通信世界，2019，26（8）：54-55.

[16] 杨吴寒，葛运，刘楚婕，张启菊. 夏热冬冷地区智能化建筑外遮阳技术探究——以南京市为例 [J]. 绿色科技，2019，22（12）：213-215.

[17] 郑玉婷. 装配式建筑可持续发展评价研究 [D]. 西安：西安建筑科技大学，2018.

[18] 王存震. 建筑智能化系统集成研究设计与实现 [J]. 河南建材，2016（1）：109-110.

[19] 焦树志. 建筑智能化系统集成研究设计与实现 [J]. 工业设计，2016（2）：63-64.